図 3.8 テスト画像,OLPF なし(左:原図,右:ベイヤー化)[p. 55 参照]

図 3.9 テスト画像,OLPF あり(左:原図,右:ベイヤー化)[p. 55 参照]

図 3.10 テスト画像補間後 1(左:OLPF なし,右:OLPF あり)[p. 55 参照]

図 3.11 テスト画像補間後 2(左:OLPF なし,右:OLPF あり)[p. 55 参照]

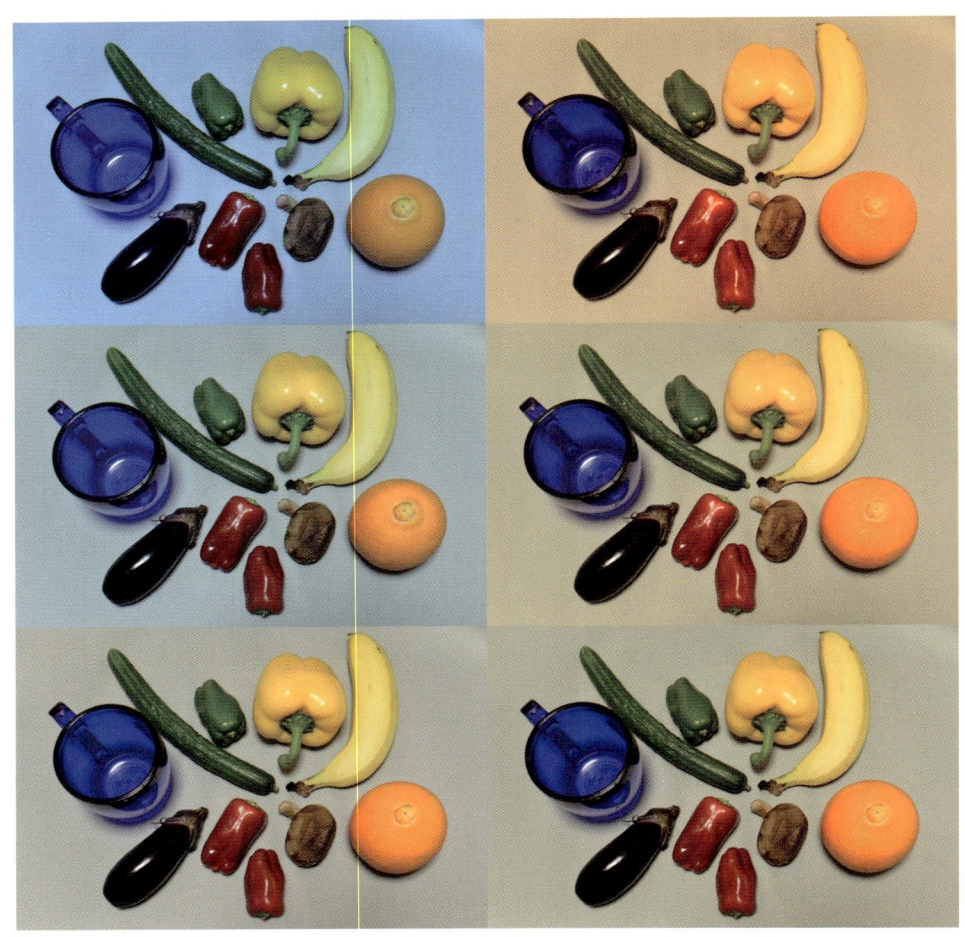

図 5.11 デジタルスチルカメラのホワイトバランス設定 [p. 114 参照]
同一照明において，右上から時計回りに，カメラのホワイトバランス設定を 9000 K，6500 K，5500 K，5000 K，4000 K，3000 K に変更して撮影したもの．

光学ライブラリー
5

デジタル
イメージング

歌川　健 [著]

朝倉書店

まえがき

　ダゲレオタイプと呼ばれる写真法が1839年に発明されてから既に170年以上が経過した．その間，フィルムを媒体とした写真文化として，技術的な面でも感性的な面でも膨大な蓄積がなされてきた．しかし，近年デジタルスチルカメラの登場により，フィルムカメラは数年という短期間にデジタルスチルカメラに置き換わってしまった．

　フィルムカメラは，撮影レンズとフィルム，そして絞りとシャッターから構成され，また撮影後は現像という身体的に体感できる処理を使うので，その機能もプロセスもわかりやすかった．しかしデジタルスチルカメラは，フィルムが撮像素子に置き換わり，現像処理もデジタル画像処理に置き換わって，全体のプロセスがブラックボックス化したため，中で何がなされているのかわかりにくくなっている．

　本書は，デジタルスチルカメラの中でどのような処理が行われているのか，それがどのような原理に基づいているのか，フィルムカメラと何が違うのかなどについて，その基本的な内容を解説することを意図したものである．そのために，撮影レンズと撮像素子から構成される撮像装置の光学的な像形成原理から始めて，その後の画像処理の原理と内容にわたって理論的な解説を試みた．

　デジタルスチルカメラが作り出すのは写真画像であり，それを鑑賞する観察者の主観の問題を避けて通ることはできない．色や画質については物理量として扱える場合はむしろ少なく，どのようにすれば心理物理量として計量的な扱いが可能になるかといった条件の整理やアプローチ上の難しさもある．その意味で一般の物理学書とは異なり，すべてを論理で説明しつくすことができない．また，本書はデジタル画像処理分野の最先端技術に関する内容を扱うものではないし，製品の具体的処理やノウハウに近い部分には触れていない．この分野

を学ぼうとする人が，文献を読んだり議論をしたりする際に，あらかじめ知っておくべき基礎的事項を整理した書として参考にしていただければとの趣旨で書いたものである．

本書の構成は，撮像光学系から撮像素子へと光像を引き渡す部分，撮像素子の出力信号を画像処理する部分，画像処理された出力をディスプレイで観察する部分などに関する説明と，そのための準備の原理解説から成り立っている．

第 1 章では，デジタル方式の撮像について，デジタルスチルカメラ（DSC）特有の光学系と記録媒体の関係を記述するデジタル写真画像の相似性について説明する．

第 2 章では，デジタル撮像素子による空間量子化の問題を扱う．光学系に始まる各要素の空間周波数特性（MTF）とそれらの総合特性としての空間周波数応答（SFR）について説明し，ナイキスト領域について解説する．

第 3 章では，撮像素子のカラーフィルターアレイ（CFA）配列と，撮像素子出力の補間で生じる問題，および画質に関わる要素について扱う．

第 4 章は，後の章で DSC の色処理の問題を扱うための準備として設けたもので，色を扱う数学について説明する．物理量ではない色という感覚量は，どうすれば心理物理量として数学的扱いが可能となるかを論じる．また，できるだけ多くの色空間についてその特徴を説明した．

第 5 章は，DSC の色処理の考え方，いろいろな色再現の概念を概説し，測色的再現の条件や実際のカメラの色再現の基本的な考え方を説明した．またホワイトバランス調整や色変換，階調変換，そして JPEG 圧縮などについて要点をまとめた．

第 6 章では，カラーマネジメントの主要な 2 つの思想について説明した．これは画像ファイルのフォーマットや規格とも関係するので，その説明も加えた．実際に画像を見る場合には，われわれは出力装置の表現能力で大きく制約を受けている．そこで代表的な出力装置の特性に関する論文を引用して説明した．最終的には視環境と観察者の特性の問題が避けられないので，いわゆる「見え」の問題と順応の問題に触れた．

第 7 章では，写真と目と脳の関係について，観察者の特性の影響がいかに大

きいかという話をいくつか紹介し，DSC による写真と目と脳の処理の類似性と相違について言及した．

　2006 年に東京大学生産技術研究所にニコン光工学寄付研究部門が設立されて，産業に直結する分野での光学技術を講義するコースが設けられ，その中でデジタルカメラの画像処理についての講義を担当した．本書はその際に作成した講義資料をもとに書き下ろしたものである．筆者は情報科学の専門家でも色彩科学の専門家でもなく，また自己流のところが少なくないので思い違いもあるかもしれない．そうした点が見つかった場合は，ご指摘，ご教示いただければありがたい．

　本書の内容は，あくまでデジタルカメラをベースとしたデジタルイメージングであり，写真としての楽しみを背景に踏まえたものである．日本びいきだった写真家のエルンスト・ハースは，「写真は科学と芸術の架け橋なのです」と語ったという．本書を読まれた読者各位が，理論的なアプローチの科学的論理性と，情緒的なアプローチの芸術的感性の両側面を意識され，デジタルカメラと目と脳のシステムのアナロジーの不思議を感じて，そこから新たな追求の芽を見つけだしていただけたならば，大いに喜ばしく思う．われわれは長年にわたって築かれたフィルム写真文化を受け継いで，さらに新しいデジタル写真文化を構築していきたいものである．

　最後に，遅筆な筆者に対して折に触れて励ましをくださった黒田和男先生，有益な議論をいただいた大木裕史さんに感謝いたします．また辛抱強く対応してくださった朝倉書店編集部の方々に厚くお礼申し上げます．

　　2013 年 7 月

　　　　　　　　　　　　　　　　　　　　　　　　　　　　歌　川　　健

目　次

1. **デジタル方式の撮像** ･･ 1
   1.1 デジタル撮像システムの構成と特徴 ････････････････････････････････ 1
   1.2 デジタル写真画像の相似性 ･･ 3

2. **デジタル撮像素子と空間量子化** ････････････････････････････････････ 10
   2.1 光像のサンプリング ･･ 11
   2.2 光像が矩形強度分布の場合 ･･ 14
   2.3 サンプリング定理 ･･ 17
   2.4 一般の場合の周波数特性 ･･ 18
   2.5 DSC の空間周波数応答（SFR）･････････････････････････････････････ 19
   2.6 レンズの空間周波数応答（MTF 特性）･･････････････････････････････ 20
      2.6.1 無収差レンズの場合（回折の効果）･･････････････････････････ 20
      2.6.2 回折によるボケの広がりと画素サイズの比較 ･･････････････････ 22
      2.6.3 デフォーカスした面での MTF 特性 ･･････････････････････････ 22
      2.6.4 球面収差がある場合 ･･ 23
      2.6.5 撮影レンズに収差がある場合 ････････････････････････････････ 23
   2.7 光学ローパスフィルター（OLPF）の MTF 特性 ･････････････････････ 25
   2.8 画素開口（アパーチャー）の MTF 特性 ････････････････････････････ 29
   2.9 レンズ・OLPF・画素開口・サンプリングによるフィルター効果の連鎖 ･･･ 31
      2.9.1 OLPF を使わない場合 ･･････････････････････････････････････ 31
      2.9.2 OLPF を使う場合 ･･ 31
   2.10 サンプリングによる MTF 特性への影響 ･････････････････････････････ 32

2.11		画像処理における MTF 特性 ································· 35
2.12		撮像部の MTF 特性 ·· 37
2.13		DSC の空間周波数応答（SFR）···························· 37
2.14		写真画像と OLPF ·· 38
2.15		2 次元画像のナイキスト領域 ····························· 39
	2.15.1	単色イメージセンサーの場合 ························· 39
	2.15.2	ベイヤーカラーフィルター配列の場合 ··············· 40
	2.15.3	ベイヤー配列を 45° 回転させた CFA 配列とナイキスト領域 ···· 41
	2.15.4	ベイヤー配列の他の変形とナイキスト領域 ········· 42
	2.15.5	間引き読み出しのナイキスト領域 ···················· 44

3. 補間と画質 ··· 47

3.1		CFA 配列と分光感度 ····································· 48
3.2		補色 CFA の補間法 ······································· 49
3.3		原色ベイヤー配列の補間法 ······························ 51
3.4		OLPF の有無と補間画像 ································· 53
	3.4.1	単 純 補 間 ··· 54
	3.4.2	構造判断を加味した補間 ······························ 56
3.5		OLPF　考 ··· 56
3.6		その他の CFA 配列 ······································ 56
3.7		1 画素 3 層構造のセンサー ······························ 57
3.8		フィルムの等価画素サイズ ······························ 58
3.9		デジタル画像の画質 ···································· 59
	3.9.1	撮像素子のノイズ ······································ 60
	3.9.2	撮像素子のダイナミックレンジと信号の S/N ········ 61
	3.9.3	画素数・階調数と画質 ································· 62
3.10		撮像素子の ISO 感度 ····································· 63
	3.10.1	デジタルカメラの標準出力感度 ······················ 63
	3.10.2	デジタルカメラの推奨露光指数 ······················ 64

4. 色の表示と色の数学 ·· 66
4.1 表面色と開口色 ·· 66
4.2 表　色　系 ·· 68
4.3 マンセル色立体 ·· 68
4.4 明るさと色に関する用語 ·· 70
4.5 等色実験と等色関数 ·· 71
4.5.1 グラスマンの法則 ·· 71
4.5.2 等　色　実　験 ·· 72
4.5.3 等　色　関　数 ·· 73
4.6 色　の　数　学 ·· 74
4.6.1 三刺激値の算出 ·· 74
4.6.2 色空間変換 ·· 75
4.6.3 色空間変換にともなう三刺激値の変換 ·· 76
4.6.4 色空間変換にともなう等色関数の変換 ·· 76
4.6.5 白色点によるマトリクスの規格化 ·· 77
4.7 CIE RGB 表色系 ·· 80
4.8 CIE XYZ 表色系 ·· 82
4.9 均等色空間 ·· 85
4.9.1 CIELAB 色空間と色差 ·· 85
4.9.2 CIELUV 色空間と色差 ·· 86
4.10 いろいろな色空間 ·· 87
4.10.1 sRGB 色空間 ·· 87
4.10.2 CIE XYZ 色空間 ·· 91
4.10.3 CIE RGB 色空間 ·· 91
4.10.4 scRGB 色空間 ·· 91
4.10.5 Adobe RGB 色空間と DCF オプション色空間 ·· 92
4.10.6 NTSC 色空間 ·· 95
4.10.7 ROMM RGB 色空間 ·· 96
4.10.8 ブラッドフォード色空間 ·· 97
4.10.9 LMS 色空間 ·· 98

4.10.10　各色空間とXYZ色空間との変換マトリクス･･････････････100
　4.11　色空間変換の応用例･･101
　　　4.11.1　フォン・クリースの色順応予測式･･････････････････････102
　　　4.11.2　ブラッドフォード色空間における白色点変換･･････････････102

5. カメラの色処理･･105
　5.1　デジタルスチルカメラ（DSC）の画像処理の流れ･･････････････105
　5.2　いろいろな色再現･･106
　5.3　測色的色再現とルーター条件･･････････････････････････････････107
　5.4　カメラの色再現･･111
　　　5.4.1　実際のカメラの色再現････････････････････････････････112
　　　5.4.2　色再現とノイズ･･････････････････････････････････････113
　5.5　ホワイトバランス･･113
　5.6　DSCの画像加工･･115
　　　5.6.1　YCrCb変換･･115
　　　5.6.2　sYCC色空間･･116
　　　5.6.3　xvYCC色空間･･････････････････････････････････････118
　　　5.6.4　sRGB色空間とAdobe RGB色空間････････････････････120
　　　5.6.5　各色空間における色の含有率････････････････････････121
　5.7　色相の回転･･122
　　　5.7.1　YCrCb色空間での回転･･････････････････････････････122
　　　5.7.2　HSV色空間･･122
　5.8　色の加工･･123
　5.9　階調の加工･･124
　5.10　ノイズ特性･･124
　　　5.10.1　ノイズ除去の方法････････････････････････････････････124
　　　5.10.2　ノイズ除去と解像感････････････････････････････････125
　　　5.10.3　ノイズと分光感度特性････････････････････････････････126
　5.11　収差補正･･127
　5.12　JPEG圧縮･･128

6. カラーマネジメント ……………………………………………………130
- 6.1 カラーマネジメント（CMS）の思想 ………………………………130
- 6.2 sRGB 標準規格を用いたカラーマネジメント ……………………131
- 6.3 ICC プロファイルを用いたカラーマネジメント …………………131
- 6.4 sRGB の ICC プロファイル …………………………………………133
- 6.5 PCS 色空間での色加工の問題点 ……………………………………135
- 6.6 色彩に関する標準化団体 ……………………………………………136
- 6.7 画像ファイルフォーマット …………………………………………137
- 6.8 出力装置の色再現の向上 ……………………………………………139
  - 6.8.1 Adobe RGB 色域の CRT ディスプレイ ……………………140
  - 6.8.2 広色域液晶ディスプレイ ……………………………………140
  - 6.8.3 各種のハード出力の色域 ……………………………………141
- 6.9 ディスプレイとプリンターの色合わせ ……………………………145
- 6.10 色域マッピングの一般論 …………………………………………147
- 6.11 色の見えのモデル …………………………………………………148
  - 6.11.1 見えの比較実験とモデル比較 ……………………………149
  - 6.11.2 色の見えのモデル CIECAM02 ……………………………151
- 6.12 不完全順応と混合順応 ……………………………………………151
  - 6.12.1 不完全順応 …………………………………………………152
  - 6.12.2 混 合 順 応 …………………………………………………152

7. 写真と目と脳 ……………………………………………………………156
- 7.1 写真の好ましさと視覚の印象 ………………………………………156
  - 7.1.1 細部描写性と写真としての好ましさ ………………………156
  - 7.1.2 世代による視覚印象の相違 …………………………………157
  - 7.1.3 デジタル撮像とフィルム撮像 ………………………………160
- 7.2 画質に影響を与える要因 ……………………………………………161
- 7.3 デジタルカメラと人の知覚 …………………………………………162

付　　録 …… 167

A. OLPF の物理光学的特性 …… 167
- A.1　1/4 波長板（1/4λ 板） …… 167
- A.2　複屈折板によるローパスフィルター効果 …… 167

B. サンプリングと位相整合問題 …… 168

C. 色彩科学の歴史 …… 170
- C.1　色彩研究の歴史概観 …… 171
- C.2　ニュートン …… 171
- C.3　ゲーテ …… 172
- C.4　ヤングとヘルムホルツ …… 172
- C.5　ヘーリング …… 172
- C.6　シュレーディンガー …… 173
- C.7　最近の研究 …… 173
- C.8　視覚の段階説とデジタルカメラの処理の類似性 …… 173

D. 目の構造と特性 …… 174
- D.1　錐体の感度分布の最近の測定結果 …… 174
- D.2　目の構造 …… 176
- D.3　目の単純モデルと無収差仮定での角度分解能計算 …… 176
- D.4　網膜の構造 …… 177
- D.5　網膜上の錐体比 …… 177
- D.6　錐体と桿体の分布 …… 178
- D.7　網膜の画素数と出力数 …… 178
- D.8　視線の動き …… 178
- D.9　目の解像力と空間周波数特性：輝度成分と補色成分の空間分解能 …… 180
- D.10　ユニーク色 …… 180
- D.11　カテゴリー色 …… 181

E. 視覚の特性 …… 181
- E.1　ウェーバー–フェヒナーの法則：明度（輝度）弁別特性 …… 181
- E.2　ベツォルト–ブリュッケ現象 …… 182

- E.3 アブニー現象 ………………………………………… 182
- E.4 ヘルムホルツ-コールラウシュ現象 ……………………… 182
- E.5 色対比現象 …………………………………………… 182
- E.6 スティーブンス効果 …………………………………… 182
- E.7 ハント効果 …………………………………………… 182
- E.8 マッハバンド ………………………………………… 182
- E.9 色順応 ……………………………………………… 183
- E.10 メタメリズム ………………………………………… 184
- E.11 錯視 ………………………………………………… 184
- F. 測光 …………………………………………………… 185
- G. 光源 …………………………………………………… 186

参 考 文 献 ……………………………………………………… 189
索　　引 ………………………………………………………… 191

1
デジタル方式の撮像

　撮像には少なくとも撮影レンズとその焦点面近傍に配置された画像記録媒体が必要である．他に絞りとシャッター機能がそろえば撮像装置として成り立つ．画像記録媒体にフィルムを用いたカメラをアナログ方式カメラと呼ぶのに対して，画像記録媒体に固体撮像素子（イメージセンサー）を用いたカメラをデジタルスチルカメラ（digital still camera：DSC）と呼ぶ．フィルムによる光学像の情報記録が実質的には空間的に連続なアナログ記録であり，また空間の各点における記録濃度も連続的なアナログ量であるのに対して，DSC の記録では空間的にもまた各点の記録量においてもデジタル化されている．すなわち，デジタル撮像では光学像の情報は，①イメージセンサーの画素単位で空間量子化されて空間的に不連続なデジタル量になっているとともに，②画素単位の記録値も出力の大きさが A/D 変換されてデジタル量となっている．本書では，このデジタル撮像の特徴から生まれる様々な特性について解説する．

1.1　デジタル撮像システムの構成と特徴

　デジタルスチルカメラ（DSC）は図 1.1 のように，撮像光学系（レンズ，絞り・シャッター，赤外カットフィルター，OLPF），イメージセンサー（各画素のマイクロレンズ，カラーフィルター，受光部），デジタル信号処理部，そしてカメラ背面のモニターで構成される．
　DSC では光学像はイメージセンサーの画素数で制限された，離散的な数値列のデジタル情報であり，ここにフィルムカメラの撮像とデジタルカメラの撮像の本質的な違いが生じる．DSC において像面上のイメージサイズ（撮像領

1. デジタル方式の撮像

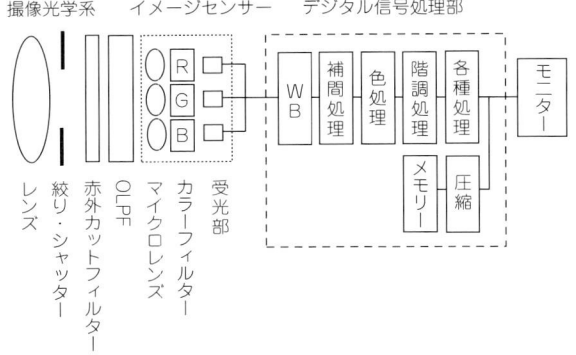

図 1.1 デジタルスチルカメラ（DSC）の構成

域の広がり）が異なる 2 つの場合を考えるとする．同一画素数で画素サイズが違うときイメージサイズは異なるが，デジタル情報出力として等価なものが得られる条件はあるだろうか．この場合の光学系と画素数の問題，すなわちデジタル写真画像の相似性の問題について 1.2 節で説明する．

　デジタル撮像システムとしてはビデオの動画システムもあるが，本書で扱うのは静止画のシステムである．最近では静止画主体の DSC でも 200 万画素 30 fps の動画モードを内蔵するようになり，静止画と動画の境界は不明確になってきている．しかし，静止画と動画ではハードウェアに対する要求内容が異なるだけでなく，撮影形態も鑑賞形態も異なっており，文化的にも別分野であると考えられる．とくに技術面においては静止画と動画の性能を高度なレベルで両立させるためには難しい課題が多い．動画においてはリアルタイムの高速処理が要求されるのに対して，静止画ではイメージセンサーの出力を一度メモリーに記憶し，画像処理はメモリーに記憶されたデジタルデータに対して行うことが可能なので，複雑で高度な画像処理が可能である．動画は視覚において数駒分が平滑化されて鑑賞されるので，個々の駒の 1 画像におけるノイズは目立たなくなる．一方，静止画では，近づいたり離れたりあるいは画像を PC 上で拡張したりとあらゆる面から時間をかけて観察されるので，1 画像において解像感が高くノイズが少ない質感の優れた特性が要求される．とくに写真の分野ではフィルム写真と比較の視点において高い質感が要求される．

デジタル撮像システムについて考えるために必要なことは，
 ① 撮像光学系と撮像素子（イメージセンサー）の光学的側面に関すること，
 ② 撮像素子の光学的・電気的性質に関すること，
 ③ デジタル信号処理（画像処理）に関すること，
 ④ 画像出力装置と観察環境に関すること，
 ⑤ そして，鑑賞する人の視覚特性から感性の問題
に大別され，その範囲は多岐にわたる．

　このうち，①②③が DSC に直接関わる内容である．①の撮像光学系と撮像素子の光学的側面に関して，デジタル写真画像の相似性の問題については 1.2 節で述べ，いわゆるデジタル撮像素子による空間量子化の問題，サンプリングに関連することがらは第 2 章で述べる．②の撮像素子の光学的・電気的性質に関しては，第 3 章において CFA 配列，フィルム等価画素サイズ，ノイズ，ダイナミックレンジ，ISO 感度などについて説明する．③の画像処理に関しては，第 3 章で補間について解説し，第 5 章でいろいろな画質再現についての考え方や個々の処理について説明する．第 4 章は色を議論する上で基礎となる事項の説明にあてる．④の画像出力装置と観察環境に関しては，第 6 章で画像のフォーマット（規格）とソフト出力装置（ディスプレイ）およびハード出力装置（プリンター，他）について説明し，そして見えのモデルについて解説する．最後に，第 7 章で⑤の問題について DSC と「目と脳」を対比させ，人間の視覚特性から感性の問題について簡単に触れる．

　アナログフィルムからデジタル画像に変わることで，写真像相似性の条件が生まれ，またフィルムでは変更できなかった，ホワイトバランス・ISO 感度・階調性・色再現・ノイズ（粒状性）やシャープネスを調整する大きな自由度が与えられた．デジタル化により自由度が増えて混乱を招いている面もあるが，使う人の工夫しだいでは創造性を発揮できる領域が大きく広がったといえる．

1.2　デジタル写真画像の相似性

　大きい撮像素子と小さい撮像素子を使った大小 2 台の DSC で同一の画像が得られる条件は何だろうか（図 1.2）．たとえば同じ 600 万画素（3000×2000）で，

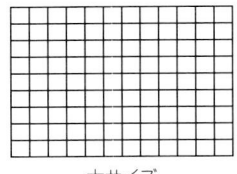 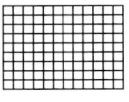

　　　　大サイズ　　　　　　小サイズ

　　図 1.2　撮像面の受光領域サイズが異なる同一画素数
　　　　　の撮像素子

撮像面の大きさが 24 mm×16 mm の撮像素子ならピッチ $p_1=8u$，撮像面の大きさが 9 mm×6 mm の撮像素子ならピッチ $p_2=3u$ である．この大小の撮像素子から「同一の画像」[*1)] が作成できる条件は何だろうか．ここではこれを写真像相似性の条件[1)] と呼ぶことにする．

　この条件が成り立つためには，大小 2 台の DSC について，
　① 撮影レンズの入射瞳[*2)]の位置を一致させ，
　② 撮影画角を同一にし，
　③ 写真として見たときの背景のボケを一致させ，
　④ 1 画素に入射する光のエネルギーの大きさを一致させ，
　⑤ 画素に対する回折の影響を相対的な意味で一致させること
ができればよいのだが，それは可能だろうか．

　条件①はパースペクティブ（遠近感特性：遠近物体の重なり具合）を合わせることである．そのためには，撮影レンズが図 1.3 のように薄い 1 枚のレンズであるなら，大小 2 台の DSC の撮影レンズの中心位置を合わせ，被写体からの距離を同じにすれば達成される．撮影レンズに厚みがある場合は，撮影レンズの入射瞳の位置を合わせることになる．ここでは撮影レンズが薄い 1 枚のレンズとして説明を続ける．

　次に，写真に写る範囲が等しくなければいけないが，これは②の画角同一条

[*1)] ここでの「同一の画像」とは，対応する画素ごとの単位時間入射光量が同じという意味である．撮像素子の電気的性質（光電変換効率や読み出しノイズ）と画像処理の影響を受ける前の段階での同一性を意味する．もちろん電気的性質と画像処理が同じなら，出力画像も同一である．

[*2)] 入射瞳とは撮影レンズの入射側から見た瞳（絞り）の位置である．薄肉レンズならばこれはレンズの位置そのものである．パースペクティブの一致とは，像面上で同一点に集まるような被写体側での点の集合（直線上に並ぶ）が等しいことである．

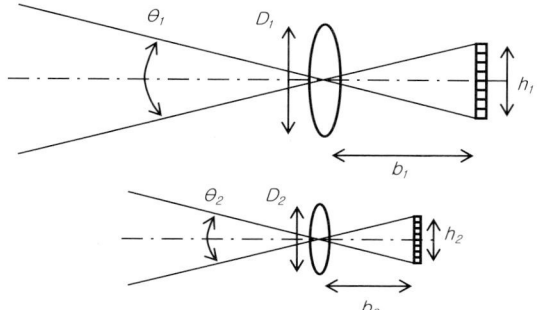

図 1.3 大小 2 台の DSC 配置

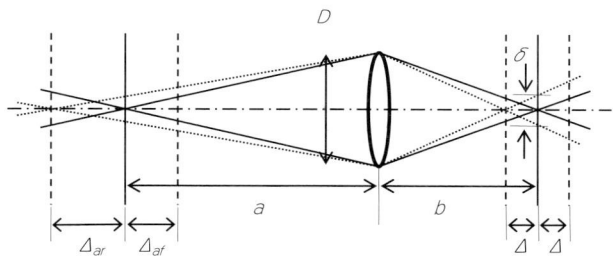

図 1.4 背景のボケの大きさ δ

件で図 1.3 において，

$$\theta_1 = \theta_2 \tag{1.1}$$

ここで大型 DSC と小型 DSC のレンズから撮像素子までの距離をそれぞれ b_1，b_2 とし，撮像素子の撮像領域の大きさ（長さ）をそれぞれ h_1, h_2 とする．$\theta_1 = \theta_2$ なので

$$b_1/b_2 = h_1/h_2 \tag{1.2}$$

次に，背景のボケが一致する条件であるが，写真画像として同じサイズとなるように出力表示して見た場合に，背景のボケが同じ大きさになるためには，撮像素子上の背景のボケの大きさと撮像領域の大きさが，その比において同一であればよい．したがって，図 1.4 で背景のボケの大きさ δ を定義すれば，それぞれの場合のボケの大きさを δ_1, δ_2 として，

$$b_1/b_2 = h_1/h_2 = \delta_1/\delta_2 \tag{1.3}$$

と表すことができる．

条件③の背景のボケ具合が一致する条件は，図1.4でレンズ（レンズの入射瞳）位置から被写体までの距離を a，被写界深度を Δ_a（前側深度 Δ_{af} と後側深度 Δ_{ar} とは異なるが，微小量の場合は同じとしてよいので Δ_a），像面深度を Δ，横倍率を $\beta = b/a$ として，

$$\Delta = \beta^2 \cdot \Delta_a \quad \text{または} \quad \Delta/b^2 = \Delta_a/a^2 \tag{1.4}$$

が成り立つ[*3)]．

ここで被写体距離 a と被写界深度 Δ_a とは両方の場合に関して共通なので，

$$\Delta_1/b_1^2 = \Delta_2/b_2^2 = \Delta_a/a^2 \tag{1.5}$$

となる．ところで図1.3のようにレンズの開口径はそれぞれ D_1, D_2 なので，

$$\Delta_1 = b_1 \cdot \delta_1/D_1, \quad \Delta_2 = b_2 \cdot \delta_2/D_2 \tag{1.6}$$

が成り立ち，式（1.5）に式（1.6）の関係を代入すると，

$$\delta_1/(D_1 \cdot b_1) = \delta_2/(D_2 \cdot b_2) \tag{1.7}$$

となり，さらに式（1.3）が成り立つので非常に単純な関係

$$D_1 = D_2 \tag{1.8}$$

が導かれる．

このことは，条件①②③を満たすにはレンズの開口径を等しくすればよいということを意味している．

この条件をレンズのF値との関係で表せば，$F = b/D$ であるから，

$$F_1 = b_1/D_1, \quad F_2 = b_2/D_2 \tag{1.9}$$

であり，式（1.8）の関係から，

$$F_1/F_2 = b_1/b_2 \tag{1.10}$$

となり，式（1.2）の関係 $b_1/b_2 = h_1/h_2$ とまとめて

$$F_1/F_2 = b_1/b_2 = h_1/h_2 \tag{1.11}$$

となる．

以上から，条件①②③を満たすためにはレンズの開口径を等しくし，撮影レンズのF値については撮像素子の大きさ（長辺あるいは短辺の長さ h）との関係において式（1.11）の関係が成り立てばよいということになる．

[*3)] 縦倍率 $\beta' (= \Delta/\Delta_a)$ の算出．ニュートンの式 $1/a + 1/b = 1/f$ を微分して $-da/a^2 - db/b^2 = 0$．したがって，$db/da = b^2/a^2$．横倍率 β は $\beta = b/a$ なので，縦倍率 β' は $\beta' = \beta^2$ の関係が簡単に求まる（方向を意味する符号は省略）．すなわち Δ が微小量の場合は，$\beta' = \Delta/\Delta_a = \beta^2$．

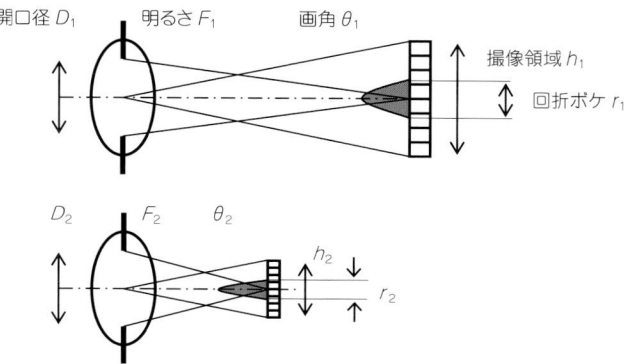

図 1.5 2つの DSC（開口径が等しく，F 値と撮像領域の大きさが異なる）

さらに条件④について調べてみる．図 1.5 は，レンズが式（1.8）の同一開口径条件 $D_1=D_2$ を満たし，条件（1.11）の $F_1/F_2=h_1/h_2$ を満たすような大小2つの DSC を図示したものである．両者は開口径 D と画角 θ は等しいが，レンズの明るさを表す F 値とセンサーのサイズ（撮像領域）h が異なっている．

次に，撮影レンズが無収差の場合における回折の影響について考えることにする．無収差光学系の回折の強度分布を表す式 $I(r)$ は，

$$I(r)=\{2J_1(z)/z\}^2 : \quad z=(\pi/\lambda)\cdot(r/F) \tag{1.12}$$

で表される．ここで $J_1(z)$ は1次のベッセル関数，r は像面における点像中心からの距離，λ は光の波長，F はレンズの F 値である．このように回折ボケについては式（1.12）を見れば明らかなように r/F が一定となるので，

$$r_1/F_1=r_2/F_2 \quad \text{または} \quad r_1/r_2=F_1/F_2 \tag{1.13}$$

である．両イメージセンサーから得られる画像において，回折によるボケ効果の画像への寄与が同等であるためには，それぞれの画素サイズ d_1, d_2 に対する回折によるボケの広がり r_1, r_2 が，両者の場合において画素ピッチに対して相対的に同等であればよい．すなわち，

$$r_1/d_1=r_2/d_2 \quad \text{または} \quad r_1/r_2=d_1/d_2 \tag{1.14}$$

となる（注：ここでは画素ピッチをそのまま画素サイズとしている）．

したがって，式（1.13），（1.14）より，

$$d_1/d_2=F_1/F_2 \tag{1.15}$$

が成り立てばよい．

ところで，撮像領域の大きさ（長さ）は h_1, h_2 と異なるが，画素数（縦横画素数）は同じとしているので，

$$h_1/h_2 = d_1/d_2 \tag{1.16}$$

であり，式 (1.15) と式 (1.16) から，

$$h_1/h_2 = d_1/d_2 = F_1/F_2 \tag{1.17}$$

となる．この式 (1.17) の $h_1/h_2 = F_1/F_2$ の関係は式 (1.11) の関係に等しいので，条件①②③が満たされれば回折の影響の同等性も自動的に満たされることがわかる（注意：収差の影響による違いは残る）．

また条件⑤については，1 画素に入射する光エネルギーの大きさが等しいことが求められるが，輝度不変の法則[2] により，「画素面積 × 入射光立体角 = 一定」の関係があり，入射光立体角は $(1/F)^2$ に比例するので，

$$(d_1)^2 \cdot (1/F_1)^2 = (d_2)^2 \cdot (1/F_2)^2 \tag{1.18}$$

となる．すなわち，$d_1/F_1 = d_2/F_2$ であり，これは式 (1.17) の $d_1/d_2 = F_1/F_2$ に等しい．

以上により条件①②③が満たされれば，入射エネルギーが等しいという条件も自動的に満たされることになる．このようにして，条件①②③が満たされれば，自動的に④⑤は満足されることが理解される．

結局，画素数が等しく撮像面は相似形だが大きさが異なる 2 つのイメージセンサー（撮像素子）を用いて得られる画像について「写真画像の相似性」が満足されるための条件は，レンズの開口径（入射瞳の径）が等しいこと，

$$D_1 = D_2 \tag{1.8}$$

および，レンズ F 値，センサーサイズ h，画素サイズ d の比が等しいこと，すなわち

$$F_1/F_2 = h_1/h_2 = d_1/d_2 \tag{1.17}$$

であり，口径と画角を同一にすることが条件であることがわかる（図 1.6）．

実際には撮影レンズに収差があるので，この収差特性についてもその相対的な影響を合わせないと完全には同一にならない．

さて，この相似問題から離れて撮影レンズの明るさは自由に選べるとした場合，一般に大型撮像素子と小型撮像素子の使い分けはどうするのが好ましいだ

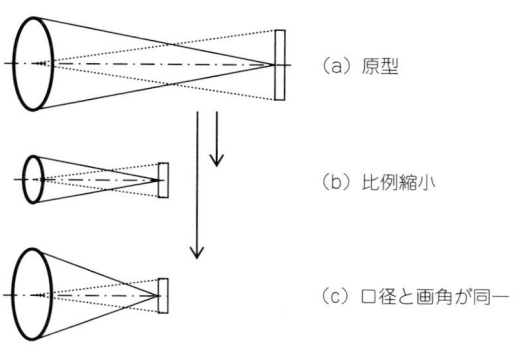

図 1.6 相似な写真画像が得られるのは (a) と (c)

ろうか．大型撮像素子が有利なのは，画素の大きさを生かせるような場合であり，

① 高 ISO 感度撮影
② 暗部の画質を重視する場合（シャドー部のノイズや色の乗りなど）
③ 背景ボケを生かしたい場合

であることは明らかだろう．

しかし，小型撮像素子が有利な場合もある．それは

① マクロ撮影（小型撮像素子の DSC は深度が深い）
② 顕微鏡などの拡大光学系との組合せ（画素の細かさによる拡大効果がある）

などである．

文　　献

1) 鶴田匡夫：第 3・光の鉛筆—光技術者のための応用光学—, p.443, 像記録の相似性．アドコム・メディア (1993).
2) 渋谷眞人, 大木裕史：回折と結像の光学, 付録, p.183, 輝度不変の法則．朝倉書店 (2005).

2

デジタル撮像素子と空間量子化

　この章ではイメージセンサー（固体撮像素子）が画素単位のサンプリングを行うことで生じる問題を中心に調べる．ほぼ連続的な記録媒体として扱えるフィルムに代えてイメージセンサーを用いる場合，イメージセンサー上に投影された光像の情報は，画素単位でいわば空間量子化されて光電変換を受け，空間的にとびとびの位置における値（画素の光電出力値）に関する画像データとなる．その画像データの特性について検討する．

　デジタル画像処理では，空間的量子化に加えて光電変換出力値をアナログ量としてではなく，AD変換したデジタル量として扱うので，その意味でもデジタル化されるが，この章では空間量子化の意味でのデジタル化の効果について検討する．

　まず，光像のサンプリングと空間周波数応答について述べ，画像情報として有効な空間周波数の上限であるナイキスト周波数について説明し，デジタル撮像システムの各要素が相互にどのように寄与しているかを調べる．簡単のため，まず1次元の場合を中心に，各要素の空間周波数特性を表すMTFを求め，とくに光学ローパスフィルター（OLPF）の有無による特性の差を中心にして，光学系から画像処理までの撮像システム全体としての空間周波数応答（SFR）について論じる．ここまでは理解を容易にするため1次元で説明したが，画像は2次元であり，画像の2次元におけるナイキスト周波数範囲であるナイキスト領域について述べる．最後に，2次元イメージセンサーのカラーフィルターアレイ（CFA）の違いに応じた，それぞれの場合のナイキスト領域について

調べることにする[*1].

2.1　光像のサンプリング

2次元イメージセンサーとしては，いわゆるCCDセンサーと，CMOSセンサーが多く用いられる．両者には画素読み出しの同時性に違いがある．CCDセンサーでは全画素について同時に露光開始と露光終了を行うことが可能であるのに対して，CMOSタイプのイメージセンサーでは画素列ごとには同時性が確保されるが，列ごとに順次露光開始と露光終了が制御されて読み出されるので，画面全体の露光開始と露光終了の同時性は確保できない．しかし，後者はランダムアクセス可能という利点がある．いずれの場合でもこの節で扱う課題である画素による空間量子化の問題は共通である．

2次元イメージセンサーでは画素が2次元に配列されているので本来2次元的な扱いが必要だが，サンプリングの影響についてその本質がわかりやすいように，まずは1次元の場合を例として説明する．一般的な2次元の扱いは後半で説明する．

撮影レンズによって物体像がイメージセンサー上に形成されている場合について考えてみよう．撮影レンズが無回折・無収差であるような仮想的な場合のイメージセンサー上の光像を $I_0(x)$ とし，その理想的な光像 $I_0(x)$ が撮影レンズによる回折と収差の影響で，点像分布関数 $\mathrm{PSF}(x)$ で記述されるボケの範囲に広がり，実際の光像 $I_1(x)$ が形成されていると考える．その場合，以下のように表せる．

$$I_1(x) = I_0(x) \otimes \mathrm{PSF}(x) \tag{2.1}$$

ここで記号 $\otimes$ は（たたみ込み積分）[1]を表すものとする．δ 関数で表される理想的な点像を，点像分布関数 $\mathrm{PSF}(x)$ に変換するのが撮影レンズの役割であり，点像分布関数は撮影レンズの特性を特徴づける重要な量である．

開口（アパーチャー）幅 d をもちピッチ P で配列した画素により，光像をサンプリングする様子を図2.1に示す．開口幅 d とは図2.1(a)のように，幅

[*1] CFA (color filter array), OLPF (optical low pass filter), SFR (spatial frequency response), MTF (modulation transfer function).

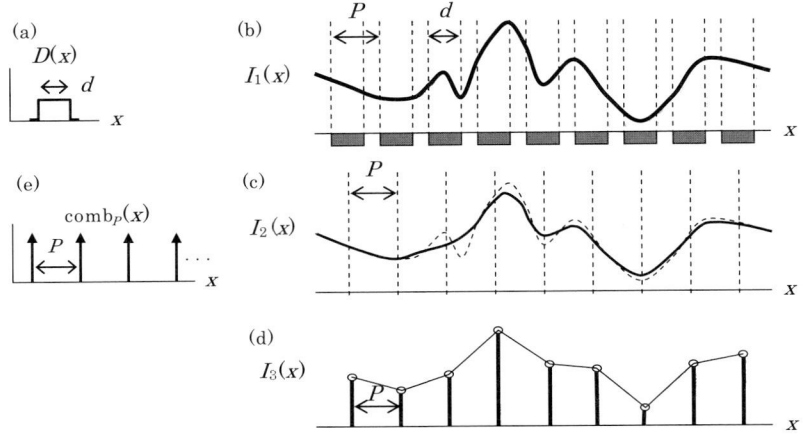

図 2.1 光像に対する開口によるコンボリューションとサンプリング

d の一様な感度分布 $D(x)$ をもつイメージセンサー開口部ということである．光像 $I_1(x)$ のイメージセンサー開口部に相当する部分に集まる光量の総和を，サンプルピッチ P ごとに光電変換することになる．考え方としてはまず図 2.1(b) の光像 $I_1(x)$ を開口幅 d に相当する感度分布関数 $D(x)$ でコンボリューションして，

$$I_2(x) = I_1(x) \otimes D(x) = I_0(x) \otimes \mathrm{PSF}(x) \otimes D(x) \tag{2.2}$$

を求め（図 2.1(c)），こうして得られた関数 $I_2(x)$ に，図 2.1(e) のサンプルピッチ P のデルタ関数列である $\mathrm{comb}_P(x)$ なる櫛形関数を乗じる形式

$$I_3(x) = I_2(x) \cdot \mathrm{comb}_P(x) \tag{2.3}$$

で考えるのが見通しがよい．まとめて離散的出力の表現は

$$I_3(x) = \{[I_0(x) \otimes \mathrm{PSF}(x)] \otimes D(x)\} \cdot \mathrm{comb}_P(x) \tag{2.4}$$

となる（図 2.1(d)）．

像に関する情報変換の様子を見るには，周波数空間すなわちフーリエ空間で考えると見通しがよく便利なことが多い．フーリエ変換の表記として，関数 $f(x)$ をフーリエ変換した関数を $\tilde{f}(\nu)$ で表すことにすると，

$$\tilde{f}(\nu) = \int_{-\infty}^{\infty} f(x) \cdot \exp(-i 2\pi \nu x)\, \mathrm{d}x \tag{2.5}$$

逆変換は

$$f(x) = \int_{-\infty}^{\infty} \tilde{f}(\nu) \cdot \exp\left(i2\pi\nu x\right) \mathrm{d}\nu \tag{2.6}$$

で表される.

フーリエ変換とコンボリューションについて主要な性質をまとめておく[1]. コンボリューションのたたみ込みの定理によれば，2つの関数 $f(x)$ と $g(x)$ のコンボリューション関数 $h(x)$ は以下のようになる.

$$h(x) = f(x) \otimes g(x) = \int_{-\infty}^{\infty} f(x') \cdot g(x-x') \mathrm{d}x' \tag{2.7}$$

フーリエ変換とコンボリューションの便利な性質として，「2つの関数のコンボリューションによりできた関数をフーリエ変換した関数は，この2つの関数をそれぞれ単独でフーリエ変換してできた2つの関数の積に等しい」がある. つまり，フーリエ変換を $\mathscr{F}\{\ \}$ で表記すれば，

$$\mathscr{F}\{h(x)\} = \mathscr{F}\{f(x) \otimes g(x)\} = \mathscr{F}\{f(x)\} \cdot \mathscr{F}\{g(x)\} \tag{2.8}$$

となる. また逆に，「2つの関数の積としてできた関数をフーリエ変換した関数は，この2つの関数をそれぞれ単独でフーリエ変換してできた2つの関数をコンボリューションした関数に等しい」という関係も成り立つ. すなわち，

$$\mathscr{F}\{f(x) \cdot g(x)\} = \mathscr{F}\{f(x)\} \otimes \mathscr{F}\{g(x)\}$$

となる. この性質を利用すると見通しのよい理論展開が可能となる.

この性質から式（2.4）をフーリエ変換したものは，

$$\tilde{I}_3(\nu) = \{[\tilde{I}_0(\nu) \cdot \widetilde{\mathrm{PSF}}(\nu)] \cdot \tilde{D}(\nu)\} \otimes \widetilde{\mathrm{comb}}_P(\nu) \tag{2.9}$$

で与えられることがわかる. ここで，$\tilde{I}_0(\nu)$ は理想光像 $I_0(x)$ のフーリエ変換，点像分布関数 $\mathrm{PSF}(x)$ のフーリエ変換 $\widetilde{\mathrm{PSF}}(\nu)$ は撮影レンズのOTFであり，

$$\widetilde{\mathrm{PSF}}(\nu) = \mathrm{OTF}_{\mathrm{LENS}}(\nu) \tag{2.10}$$

である[*2].

また画素アパーチャーの感度分布関数 $D(x)$ のフーリエ変換が $\tilde{D}(\nu)$ である.

このようにして，$[I_0(x) \otimes \mathrm{PSF}(x)] \otimes D(x)$ のフーリエ変換は，それぞれを個別にフーリエ変換した3つのフーリエ変換した関数の積 $[\tilde{I}_0(\nu) \cdot \widetilde{\mathrm{PSF}}(\nu)] \cdot \tilde{D}(\nu)$ で表せることがわかる. すなわち系の空間周波数応答は，理想光像 $I_0(x)$

[*2] 光学伝達関数OTF（optical transfer function）は複素数であり，$\mathrm{OTF}(\nu) = \mathrm{MTF}(\nu) \cdot \exp\{i \cdot \mathrm{PTF}(\nu)\}$ である. 変調伝達関数MTF（modulation transfer function）は周波数 ν の正弦波の振幅伝達比を表し，位相伝達関数PTF（phase transfer function）は周波数 ν の正弦波の位相の変化（像ずれに対応）を表す.

と光学系点像分布関数 PSF(x) とアパーチャー感度分布関数 $D(x)$ のそれぞれの空間周波数応答（フーリエ変換）の積で表現される．

上記3項が積であるのに対して，実空間では積であった4項目はフーリエ変換後 (2.9) は，コンボリューション $\otimes \widetilde{\text{comb}_P}(\nu)$ として掛かっている．ピッチ P の櫛形関数のフーリエ変換はピッチ $1/P$ の櫛形関数なので，$\text{comb}_P(x)$ のフーリエ変換 $\widetilde{\text{comb}_P}(\nu)$ はやはり櫛形関数で，

$$\widetilde{\text{comb}_P}(\nu) = \text{comb}_{1/P}(\nu) \tag{2.11}$$

と書ける．

2.2 光像が矩形強度分布の場合

ここまで準備したところで具体的な例を計算してみる．図 2.2 は矩形強度分布のフーリエ変換とサンプリングの関係を表したものである．図 2.2(a) のように，中心を x_0 にもち，幅 L の範囲で大きさ1の強度分布をもつ関数 $f(x)$ があったとする．すなわち

$$f(x) = \begin{cases} 0; & x < x_0 - L/2 \\ 1; & x_0 - L/2 \leq x \leq x_0 + L/2 \\ 0; & x_0 + L/2 < x \end{cases} \tag{2.12}$$

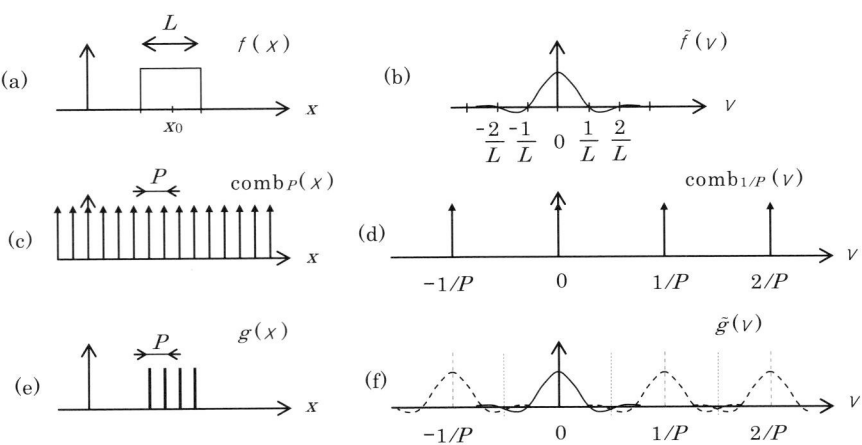

図 2.2 矩形強度分布のフーリエ変換とサンプリング

この光像 $f(x)$ のフーリエ変換 $\tilde{f}(\nu)$ は,

$$\begin{aligned}
\tilde{f}(\nu) &= \int_{-\infty}^{\infty} f(x) \cdot \exp(-i2\pi\nu x) \, \mathrm{d}x \\
&= \int_{x_0-L/2}^{x_0+L/2} 1 \cdot \exp(-i2\pi\nu x) \, \mathrm{d}x \\
&= 1/(-i2\pi\nu) \cdot \{\exp[-i2\pi\nu(x_0+L/2)] - \exp[-i2\pi\nu(x_0-L/2)]\} \\
&= 1/(-i2\pi\nu) \cdot \exp[-i2\pi\nu x_0] \cdot \{\exp[-i2\pi\nu(L/2)] - \exp[i2\pi\nu(L/2)]\} \\
&= 1/(-i2\pi\nu) \cdot \exp[-i2\pi\nu x_0] \cdot (-2i)\sin(\pi\nu L) \\
&= L \cdot \exp[-i2\pi\nu x_0] \cdot \{\sin(\pi\nu L)/(\pi\nu L)\}
\end{aligned} \tag{2.13}$$

したがって,矩形のフーリエ変換 $\tilde{f}(\nu)$ は定数成分 L と大きさ 1 の位相項 $\exp[-i2\pi\nu x_0]$ を除いて,周波数 ν に依存する振幅変動成分は sinc 関数

$$\sin(\pi\nu L)/(\pi\nu L) \tag{2.14}$$

となり,図 2.2(b) のように零点は $\nu = \cdots, -2/L, -1/L, 1/L, 2/L, \cdots$ である[*3]。

光像 $f(x)$ をピッチ P でサンプリングするということは,図 2.2(c) の櫛形関数 $\mathrm{comb}_P(x)$ を $f(x)$ に乗じることであり,その結果サンプリングされて得られる関数 $g(x)$ は,

$$g(x) = f(x) \cdot \mathrm{comb}_P(x) \tag{2.15}$$

で図 2.2(e) のようになる.

ところで,この関数 $g(x)$ のフーリエ変換 $\tilde{g}(\nu)$ を求める場合は,$g(x)$ を直接フーリエ変換するより,先に説明したように,要素ごとに個別にフーリエ変換を施して,フーリエ変換とコンボリューションの関係を使って求めるのがわかりやすい.

櫛形関数 $\mathrm{comb}_P(x)$ のフーリエ変換は式 (2.11) の $\widetilde{\mathrm{comb}_P}(\nu) = \mathrm{comb}_{1/P}(\nu)$ で,図 2.2(d) に示すような $1/P$ 周期の櫛形関数であり,実空間の乗算はフーリエ空間でのコンボリューションになるので $\tilde{g}(\nu)$ は,

$$\tilde{g}(\nu) = \tilde{f}(\nu) \otimes \mathrm{comb}_{1/P}(\nu) \tag{2.16}$$

で求められる.このことから複雑な計算をせずとも図 2.2(b) と図 2.2(d) を

[*3] 逆変換が成り立つためには,位相項の省略は不可である.しかし,図 2.2(b) では複素数 $\exp[-i2\pi\nu x_0]$ 成分の表記は入っていないことに注意されたい.MTF は通常絶対値として求められるが,図 2.2(b) では,位相項 $\exp[-i2\pi\nu x_0]$ を除く sinc 関数の正負の部分は残している.

組み合わせて，図 2.2(f) が得られる．

このように，矩形関数 $f(x)$ をピッチ P でサンプリングした結果の周波数空間（フーリエ空間）表示では，図 2.2(b) の関数 $\tilde{f}(\nu)$ が $1/P$ ずつずれて重なりあった関数になる．このようなわけで，関数 $\tilde{f}(\nu)$ が区間（$-1/2P$, $1/2P$）の外側の範囲に広がって値をもつ場合には，関数 $\tilde{f}(\nu)$ の裾が相互に重なり合うことになる．独立な範囲は，区間（$-1/2P$, $1/2P$）の内側だけとなり，これが周期的に繰り返される．この独立な区間（$-1/2P$, $1/2P$）をナイキスト領域とよぶ．

図 2.3 でナイキスト領域を超えた重なりのある場合とない場合の様子を説明する．関数がナイキスト領域の外まで広がる図 2.3(a) の場合は，相互に重なった部分は値が加算され，その結果は図 2.3(b) となるので，加算後の形からは加算される前のもとの形を分離して取り出すことはできない．このような重なりのある場合，関数 $\tilde{f}(\nu)$ について区間（$-1/2P$, $1/2P$）の外側を折り返した形とも見られるので，重なりで生じる誤差を折り返し歪み（aliasing）と呼ぶ．

得られた結果がこの重なり合った後の関数図 2.3(b) であった場合は，これからもとの関数 $\tilde{f}(\nu)$ を分離して求めることは一般には不可能である．もしこ

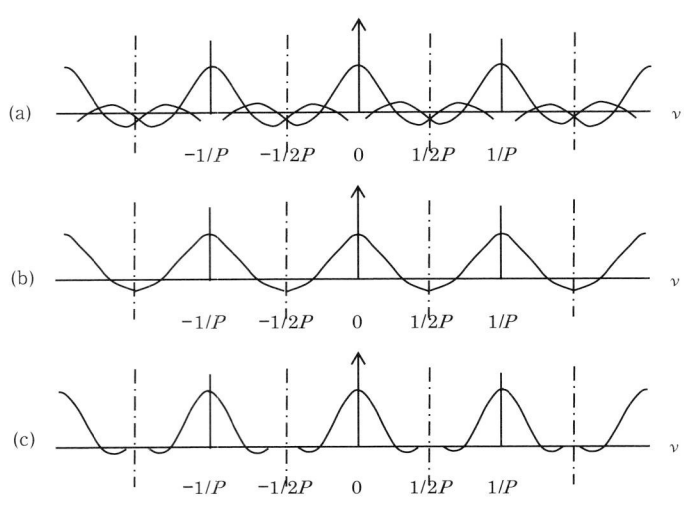

図 2.3 ナイキスト領域 $[-1/2P, 1/2P]$ で重なる関数と分離した関数

の分離ができて，$\tilde{g}(\nu)$ から重なる前の関数 $\tilde{f}(\nu)$ が得られるなら，関数 $\tilde{f}(\nu)$ を逆フーリエ変換すれば $f(x)$ が得られるのだから，サンプル後のとびとびの値をもつ関数 $g(x)$ から $f(x)$ が原理的に算出可能ということになる．

重なる前の関数 $\tilde{f}(\nu)$ が正確に分離が可能なのは，図 2.3(c) のように関数の広がりがナイキスト領域内にとどまる場合で，区間（$-1/2P$, $1/2P$）の外側に値をもたないことが条件である．この場合 $\tilde{g}(\nu)$ は重なりが生じていないので，$1/P$ ごとの周期で並ぶ関数から区間（$-1/2P$, $1/2P$）の値を切り取れば，それが $\tilde{f}(\nu)$ となっているので，逆フーリエ変換によりもとの関数 $f(x)$ が再現できる．すなわち，とびとびに空間的に量子化されサンプリングされた関数 $g(x)$ からでも，もとの連続した関数 $f(x)$ が原理的に再現可能となる．これがサンプリング定理（標本化定理）として知られるものである．サンプリングピッチ P におけるサンプリング周波数 $1/P$ の半分の周波数 $\nu_N = 1/2P$ をナイキスト周波数と呼ぶ．

2.3　サンプリング定理

サンプリング定理（標本化定理）は通信理論で広く知られており，「取り扱っている信号に含まれる最大周波数成分を f_{max} とすると $2 \times f_{max}$ よりも高い周波数 fs でサンプリングする必要がある」と表現される．1次元の画像の場合には，「原画像を完全に再現できるためには，原画像に含まれる最大の空間周波数を ν_m としたとき，$P = 1/2\nu_m$ より小さいサンプリングピッチでサンプリングすればよい」となる．あるいは「原画像をピッチ P でサンプリングする

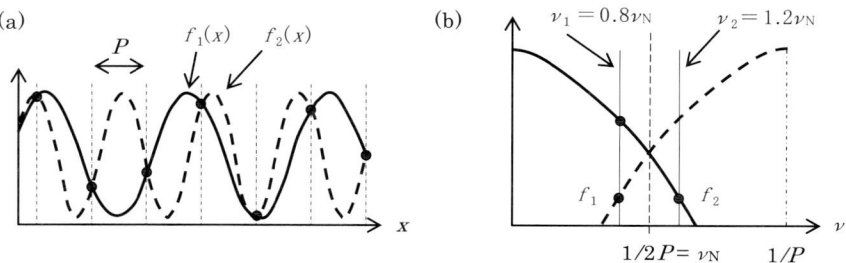

図 2.4　折り返しで重なる周波数（f_1 は $\nu = \nu_1$，f_2 は $\nu = \nu_2$ の正弦波）

とき，原画像に含まれる空間周波数成分がナイキスト周波数 $1/2P$ より小さいならば，原画像を完全に復元できる」といういい方もできる．

図 2.4(a) はサンプリングピッチ P でのサンプリングにおいて，そのナイキスト周波数 $\nu_N=1/2P$ に対して対称な位置にある 2 つの正弦波（DC 成分付き），周波数 $\nu=0.8\nu_N$ の正弦波 $f_1(x)$ と周波数 $\nu=1.2\nu_N$ の正弦波 $f_2(x)$ がサンプリングされる様子を示している．図 2.4(a) に見るように，この 2 つの正弦波に対して，サンプリング位置でのサンプリング値は同一になるので，サンプリング結果からもとの関数がどちらであったのかは判別できない．このことを周波数空間で表したのが図 2.4(b) である．ナイキスト周波数を境界にして折り返しの関係にある 2 点 f_1 と f_2 については本質的に区別がつかないというのが，折り返しの意味するところである．また原画像にナイキスト周波数以上の成分が含まれなければ，折り返しに相当する高次の空間周波数は原画像に含まれていないのだから，一意的に原画像の形が決まるわけである．

2.4　一般の場合の周波数特性

一般の光像の場合について，光学系の MTF も含めて，システムの合成 MTF を議論する．理想光像 $I_0(x)$ と光学系の点像分布関数 PSF(x) とアパー

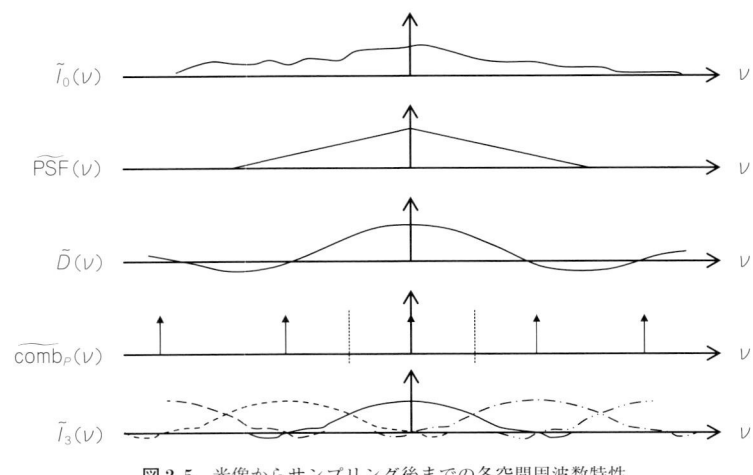

図 2.5　光像からサンプリング後までの各空間周波数特性

チャー $D(x)$ で画素ピッチ P のサンプリングによる撮像系の出力は，

$$I_3(x) = \{[I_0(x) \otimes \text{PSF}(x)] \otimes D(x)\} \cdot \text{comb}_P(x) \tag{2.4}$$

で与えられ，そしてそのフーリエ変換は，

$$\tilde{I}_3(\nu) = \{[\tilde{I}_0(\nu) \cdot \widetilde{\text{PSF}}(\nu)] \cdot \tilde{D}(\nu)\} \otimes \widetilde{\text{comb}}_P(\nu) \tag{2.9}$$

であることを述べた．これをそのまま周波数空間で図示すれば図 2.5 となる[2]．

2.5 DSC の空間周波数応答（SFR）

DSC の画質を決める要素としては，前節で取り上げた光学系の点像分布関数 $\text{PSF}(x)$ と画素アパーチャー $D(x)$ によるボケの効果，そして画素ピッチ P によるサンプリングの効果があるが，さらに光学ローパスフィルター (optical low pass filter：OLPF) や画像処理における隣接画素間の加重加算フィルターによる効果が加わる．図 2.6 にこれらの DSC の画質に影響するフィルター処理の流れを示す．そこで以下ではより詳細に各要素の実空間特性と周波数空間特性（MTF 特性）を調べ，これらの総合的な効果としてのデジタル画像システムの空間周波数応答（spectral frequency response：SFR）について考えてみることにする．

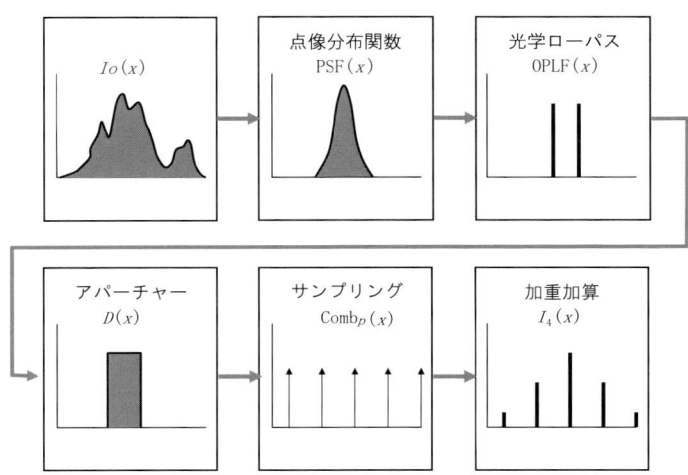

図 2.6　DSC の画質に影響するフィルター処理の流れ

2.6 レンズの空間周波数応答（MTF 特性）

2.6.1 無収差レンズの場合（回折の効果）

ここではレンズの PSF（point spread function，点像分布関数）について少し具体的に説明する．まず無収差レンズの場合の PSF について，次にデフォーカスした場合の PSF について説明し，最後に幾何光学収差のある場合における PSF について説明する．

無収差レンズ光学系によって形成される点像は，回折の効果によって必ず広がりをもった分布となり，その形は図 2.7 に示すように，

$$I(x) = \{2J_1(x)/x\}^2 ; \quad x = \pi \cdot r/(\lambda \cdot F) \tag{2.17}$$

で与えられる[3]．ここで r は点像中心からの距離，λ は光の波長，F はレンズの F 値であり，J_1 は 1 次のベッセル関数である．

この点像分布関数 $I(x)$ は図 2.7 のように，中心からしだいに強度が減少して $x = 3.83$ の位置で強度が 0 となる．この位置を第 1 暗環半径と呼び，その値は

$$r_0 = (\lambda \cdot F) \cdot 3.83/\pi \tag{2.18}$$

である．回折による点像はこの暗環で囲まれたエアリーディスクと呼ばれる円盤と，その周辺を何重にも取り囲み強度の急激に減衰するリングとからなる．この円盤の直径を a とすると，波長 $\lambda = 0.55\,\mu\mathrm{m}$（最大視感度）の場合には，

$$a = 2 \cdot r_0 = 1.34 \cdot F \quad (a は \mu\mathrm{m} 単位) \tag{2.19}$$

となる．概略の目安として，回折点像の広がりの大きさは，

$$a \cong F \quad (a は \mu\mathrm{m} 単位) \tag{2.20}$$

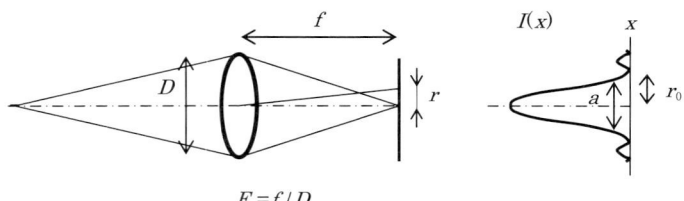

図 2.7　無収差レンズの点像分布関数 $I(x)$（r_0：エアリーディスクの半径）

2.6 レンズの空間周波数応答(MTF特性)

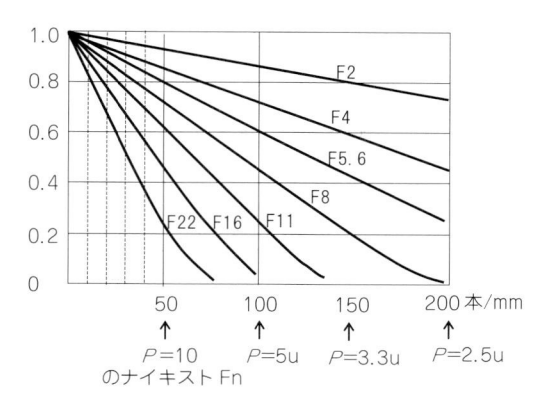

図 2.8 無収差レンズの MTF 特性

と覚えておくと便利である.

この点像分布関数のフーリエ変換として与えられる無収差レンズの MTF 特性は図 2.8 のようになる.横軸は空間周波数 ν (本/mm) で MTF が 0 となる遮断周波数(カットオフ周波数) ν_c は

$$\nu_c = 1/(\lambda \cdot F) \tag{2.21}$$

である[4].無収差レンズの MTF 曲線は $\nu=0$ からほぼ直線的に降下し,カットオフ近傍で少し傾きが緩む.この直線部は近似的に $\mathrm{MTF} \fallingdotseq 1 - 1.273 \lambda \cdot F \cdot \nu$ で表せる[5].したがって,この直線近似 MTF 特性における零クロスは

$$\nu_c = 1/(1.273 \lambda \cdot F) \tag{2.22}$$

であり,視感度特性の中央波長である $\lambda = 0.55\,\mu\mathrm{m}$ の場合は,

$$\nu_c \fallingdotseq 1400/F \quad (\text{本/mm}) \tag{2.23}$$

と覚えておくと便利である.

この近似式を使えば,MTF が 50% となるのは,

F4　の無収差レンズでおよそ　$\nu_{50\%} \fallingdotseq 1400/4/2 = 175$ 本/mm
F5.6 の無収差レンズでおよそ　$\nu_{50\%} \fallingdotseq 1400/5.6/2 = 125$ 本/mm
F8　の無収差レンズでおよそ　$\nu_{50\%} \fallingdotseq 1400/8/2 = 87.5$ 本/mm

と近似値が算出できる.

22   2. デジタル撮像素子と空間量子化

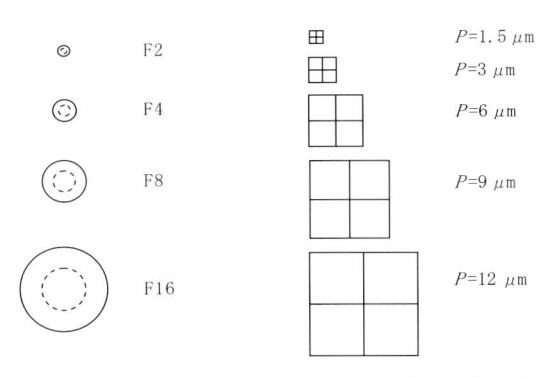

```
  ⊙       F2        ⊞        P=1.5 μm
                              P=3 μm
  ☺       F4        ⊞        P=6 μm

  ◌       F8        ⊞        P=9 μm


  ◯      F16        ⊞        P=12 μm
```

図 2.9　無収差レンズの点像分布（左）と画素サイズ（右）

2.6.2　回折によるボケの広がりと画素サイズの比較

異なる F 値におけるエアリーディスクの大きさを図 2.9 左に示す．DSC のイメージセンサー画素サイズは，多くが 10 μm 以下であり，2 μm を切るものまで実用化されている．図 2.9 右に画素サイズが 1.5 μm から 12 μm までのいくつかを図示した．図 2.9 に見るように，これらの画素サイズは DSC 撮影レンズの常用絞り域である F1.4～F16 における回折ボケの広がりと同等の大きさであることがわかる．

無収差に近い撮影レンズがあっても回折現象という物理限界のために，画素サイズの小さいイメージセンサーほど，絞りによる回折ボケの影響を大きく受けることになり，したがって，F 値の小さい明るい撮影レンズを使用しないと画素が小さいことによる高解像の利点が生かせないことになる．

2.6.3　デフォーカスした面での MTF 特性

ピントの外れた面すなわちデフォーカス面では点像はさらにボケる．ピントの外れの MTF 特性を図 2.10 に示す[5]．焦点移動による波面収差（ピント位置に集まる理想球面波である参照球面と実際の波面との差）の大きさ W は

$$W = \Delta f / (8F^2) \tag{2.24}$$

で与えられる[5,6]．これは焦点距離 f のレンズがガウス像点から Δf だけピントが外れたときに生じる波面収差の値である．図 2.10 からわかるように，波面収差 W が 1/4 波長より小さければ図の I の場合となり，理想レンズに近いこ

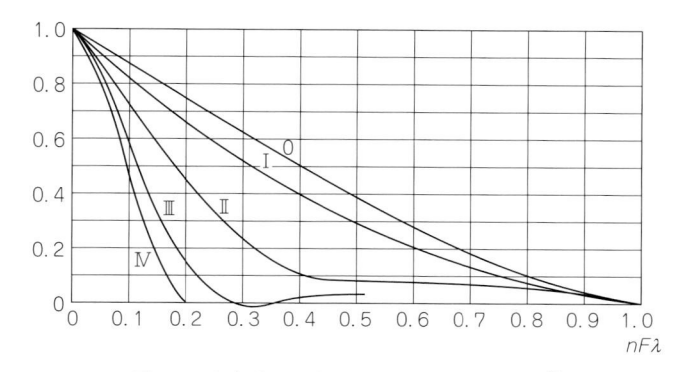

図 2.10 無収差レンズのデフォーカス MTF 特性[5]
Ⅰ：1/4 波長の波面収差，Ⅱ：1/2 波長の波面収差，Ⅲ：3/4 波長の波面収差，
Ⅳ：1 波長の波面収差．

とが読み取れる．たとえば F5.6 の場合 $W=1$ 波長となるデフォーカス量は $\varDelta f = 8 \cdot 5.6^2 = 250$（μm）であり，250 μm のピント外れがあれば，図 2.10 のⅣまで MTF が低下することを意味している．また波面収差が $W=1/4$ 波長以下になるのは，F5.6 の場合はデフォーカス量にして $\varDelta f = W \cdot (8F^2) = 63$（μm）であることがわかる．

2.6.4 球面収差がある場合

代表的なフルコレクションタイプの球面収差がある場合の，デフォーカスによる点像分布（PSF）変化を示したのが図 2.11 である[7]．このように実際のレンズでは，収差の存在のために，ボケは大きく広がるとともにピント位置の前後でボケは対称ではない．ピント位置の定義もコントラスト最大とするか解像度最大とするかで異なってくる場合もある．

2.6.5 撮影レンズに収差がある場合

一般に撮影レンズによる点像分布（ボケ）は，回折現象によるボケとデフォーカスによるボケと収差によるボケの 3 つが重なったものである．35 mm フィルムカメラの撮影レンズの MTF 特性の一例は，たとえば図 2.12 のようである[8]．

デフォーカスにおける点像分布と MTF の関係を示す実際の例を図 2.13 に

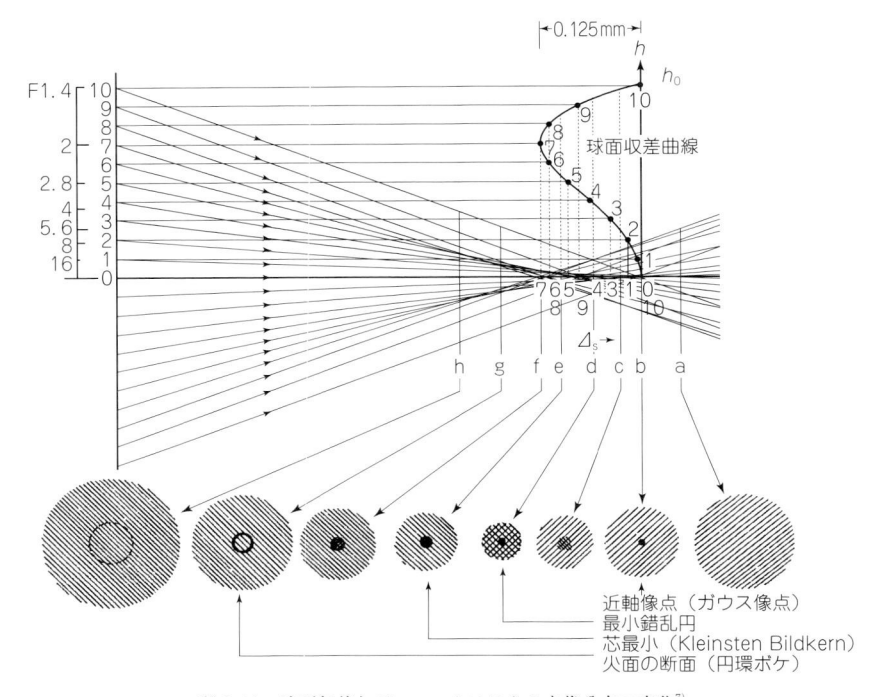

図 2.11 球面収差とデフォーカスによる点像分布の変化[7]

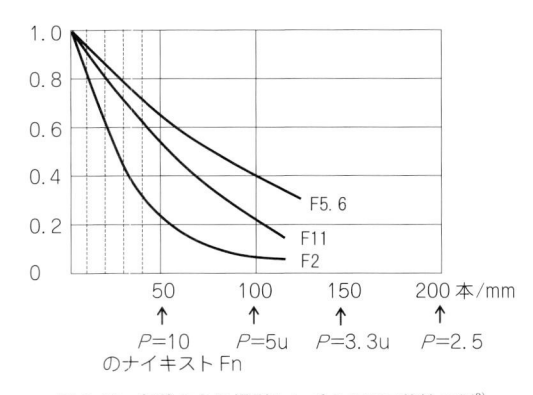

図 2.12 収差のある撮影レンズの MTF 特性の例[9]

示す[9]. 図はゾナー型写真レンズ F1.5 の軸上 3 点における点像分布（PSF）を表すスポットダイアグラムとその MTF 特性である.

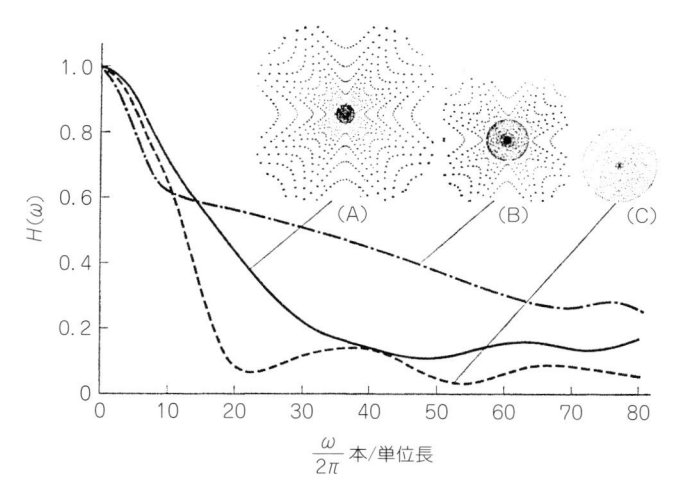

図 2.13　点像分布の形とその MTF 特性の実例[9]

（A）フレアが広がるが中心核が最も小さく最大解像力の位置．
（B）中心核がやや大きいが点像として小さくまとまっており，コントラストの高い最も鮮明な像を与える位置．
（C）小さく弱い中心核のまわりに台形状に裾が広がるガウス像面位置[9]．

このように，写真レンズではデフォーカスにより点像分布の形が大きく変化するとともに，その変化の様子は所定のピント面に関して対称になるわけでもない．これに対応して MTF 特性も大きく変化する．

2.7　光学ローパスフィルター（OLPF）の MTF 特性

DSC において光像を結像するための光束が，撮影レンズの次に通る光学部材は光学ローパスフィルター（OLPF）である．光像に画素ピッチ P から決まるナイキスト周波数（$1/2P$）以上の空間周波数成分が含まれる場合に発生する折り返し歪み（aliasing）を軽減するために，OLPF が挿入されることが多い．

OLPF として最もよく使用されるのは，水晶などの一軸性結晶の複屈折性を利用して 1 点の像を 4 点の像にぼかす図 2.14 のタイプのものである．OLPFへの入射光は，図 2.14 に示すように第 1 水晶板で複屈折して振動面が互いに

図 2.14 の右側ラベル：第 1 複屈折板 / 1/4 波長板 / 第 2 複屈折板

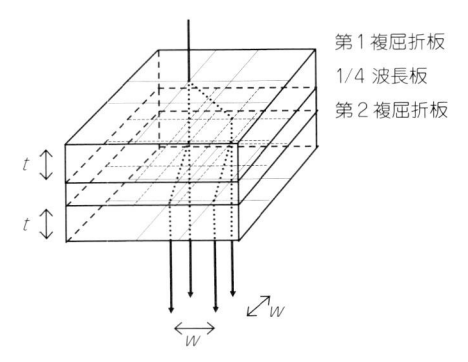

図 2.14 4 点分離の OLPF 構成

直交する直線偏光の常光線と異常光線とに分離され，この異なる偏光状態の 2 つの光線は 1/4 波長板で円偏光に変換されて，再び第 2 水晶板でそれぞれが常光線と異常光線との 2 つの光線に分離されて，結局 w を間隔とする 4 光線に分離される．厚さ t の複屈折板 1 枚で偏光状態の異なる 2 像に分離される間隔 w は，

$$w = \{(n_e^2 - n_o^2)/(n_e^2 + n_o^2)\}t \tag{2.25}$$

である[10]．ここで $n_o = 1.5462$ と $n_e = 1.5553$ は $\lambda = 546.1$ nm での水晶の常光線と異常光線に対する屈折率である．複屈折による 4 点分離の物理光学的説明は付録 A を参照されたい．

たとえば 1 辺 5.6 μm の正方配列 4 点にぼかす OLPF の構造は，第 1 水晶板 (0.95 mm 厚)，1/4 波長板 (0.5 mm 厚)，第 2 水晶板 (0.95 mm 厚) の 3 枚組で構成される．実際の DSC ではさらにたとえば 1.6 mm 厚程度の赤外カットフィルター (IR cut filter) も加えて 4 枚組で使用されることが多い．この例では 4 枚で 4 mm 厚になり，撮影レンズの光学収差特性への影響が無視できない．レンズ固定の DSC でははじめから OLPF の厚みを含めて光学レンズの設計をすれば問題はないが，一眼レフのようなフィルムカメラ用撮影レンズを OLPF 付 DSC に使う場合には収差の変動が生じる．そこで水晶に変えて高価だが複屈折性が大きくて厚さが薄くできる $LiNbO_3$ を用いることもある．

次にフィルター特性について説明する．理想的にはナイキスト周波数 $(1/2P)$ 以上の空間周波数成分を完全に取り除き，ナイキスト周波数より小さい成分を

2.7 光学ローパスフィルター（OLPF）の MTF 特性

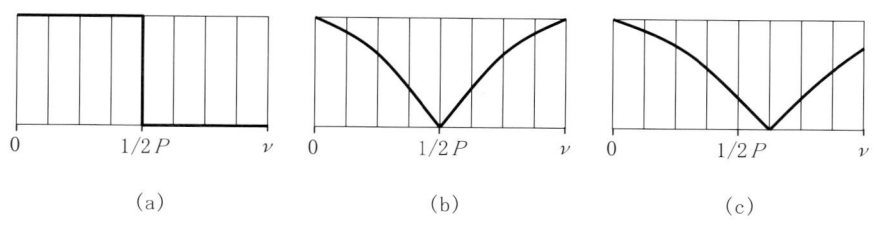

図 2.15 OLPF の理想特性（a）と実際の特性例（b），（c）

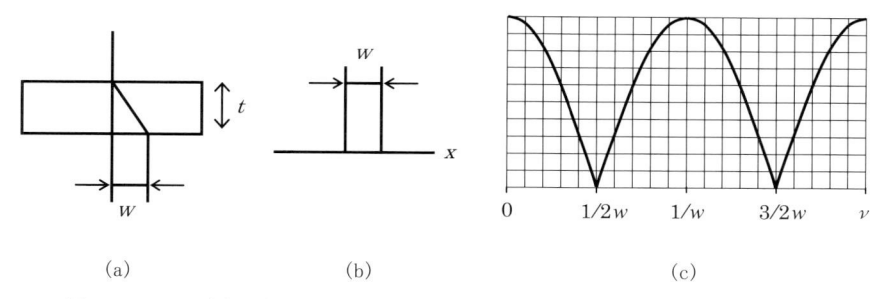

図 2.16 OLPF（a）の特性 OLPF(x)（b）と，その MTF 特性 $M(\nu) = |\cos(\pi w \cdot \nu)|$（c）

そのまま残すのがよい．すなわちナイキスト周波数 ν_N より下では MTF = 1，ν_N 以上では MTF = 0 となる図 2.15(a) のようなフィルター特性が望ましい．しかし，この特性のフィルターは実現が難しい．通常用いられる複屈折による 2 点ずらし（間隔 w）のフィルター図 2.16(a) の実空間でのボケ関数 OLPF(x) は図 2.16(b) と表せるが，このフーリエ変換である MTF 特性は図 2.16(c) に示すように

$$M(\nu) = |\cos(\pi w \cdot \nu)| \tag{2.26}$$

である．この MTF 特性は $M(1/2w) = 0$ となり，この周波数 $\nu = 1/2w$ を完全に抑圧するが，$\nu = 1/2w$ を境に対称で $\nu = 1/2w$ 以上の成分を 0 に抑圧できるわけではなく，また $\nu = 1/2w$ 以下の成分も大幅に減少させてしまう．

OLPF によるずらし量 w と画素のピッチ P との関係は設計自由度である．図 2.15(b) のように（$w = P$）としてナイキスト周波数成分を完全に抑圧してもよいし，図 2.15(c) のようにフィルター効果を弱目にして（$w < P$）ぼかし量を減らし，ナイキスト周波数を完全に 0 に抑圧することはできないが，$\nu = 1/2P$ 以下の MTF の低下を軽減して画像の高周波成分のロスを減らすと同時

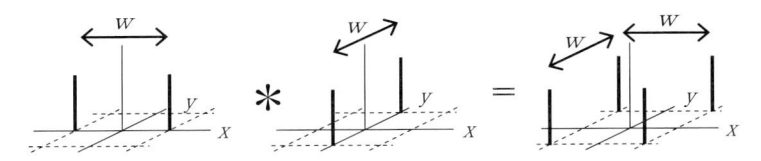

図 2.17　4 点分離 OLPF の実空間分離特性 OLPF(x, y)

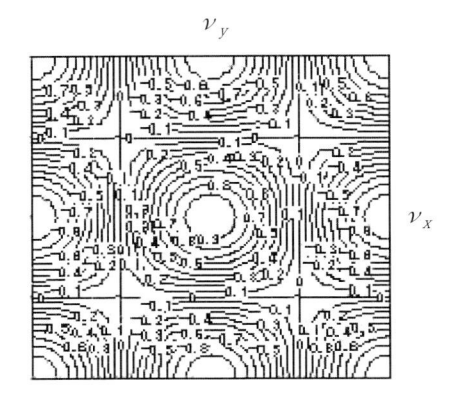

図 2.18　4 点分離 OLPF の 2 次元 MTF 特性 $M(\nu_x, \nu_y)$

に，厚みを薄くすることで収差への影響を軽減することもある．また画素が小さくなると撮影レンズの回折による点像分布関数の広がりだけでナイキスト周波数以上の成分の抑圧効果が大きくなるので，撮像素子の画素が 2 μm 以下のときは OLPF を使わないことも多い．このように OLPF の特性は理論的に決められるものではなく，画素サイズとレンズ性能や偽色の発生と解像のバランス問題など，いろいろな観点に配慮して決めるべき問題であり，あるいはむしろ写真としてのユーザーの好みの問題でもある．

　実際の画素配列は 2 次元なので，2 次元 OLPF について説明する．実空間で縦横方向にそれぞれ w だけ分離する 4 点分離のフィルター作用を表す関数 OLPF(x, y) は図 2.17 になる．これは横方向 1 次元 w ずらしフィルターと，縦方向 1 次元 w ずらしフィルターとのコンボリューションなので，この 4 点分離フィルター OLPF(x, y) のフーリエ変換は図 2.17 に示すように，x 方向 2 点分離フィルター OLPF(x) と y 方向 2 点分離フィルター OLPF(y) とを用いて OLPF(x, y) = OLPF$(x) \otimes$ OLPF(y) と表せる．OLPF(x, y) のフーリエ

変換はそれぞれのフーリエ変換の積となるので,

$$M(\nu_x, \nu_y) = |\cos(\pi w \cdot \nu_x)| \cdot |\cos(\pi w \cdot \nu_y)| \tag{2.27}$$

となることがわかる．この MTF 強度を等高線で図示すると図 2.18 のようになる．

2.8 画素開口（アパーチャー）の MTF 特性

正方形画素がピッチ P で並ぶ 2 次元イメージセンサーでは，集光性をよくするために画素ごとに形成されたオンチップマイクロレンズを用いる．代表的な画素の断面構造は光の入射側から順に，オンチップマイクロレンズ，RGB カラーフィルター，3 層の読み出し用の電極，そして電極に囲まれて窓状に開いた開口の奥に光電変換部（受光部）がある．受光部の実質的な大きさは画素面積の数分の一しかなく，集光効率を上げるためにはオンチップマイクロレンズが必要とされる（受光部周りに配線を必要としないフレームトランスファー型の CCD や，裏面照射型の CMOS センサーではオンチップマイクロレンズの必要性は低い）．

当初は周辺が円形のマイクロレンズであったが，集光能力を高めるために，隣接するマイクロレンズの間に存在する境界領域まで作用を広げる努力が続けられた結果，最近では矩形画素の全体がレンズ形状をもつに至っている．さらには内部にも第二のレンズを形成するなどして，集光効率を極限まで高める努力がなされている．ここでは均一感度の円形開口と矩形開口の場合の特性を調べてみる．

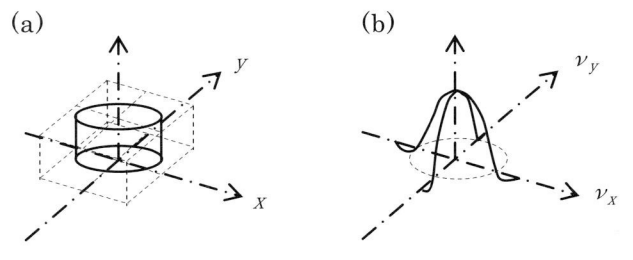

図 2.19 円形開口の感度分布 $D(x, y)$ (a) と，その MTF 特性 (b)

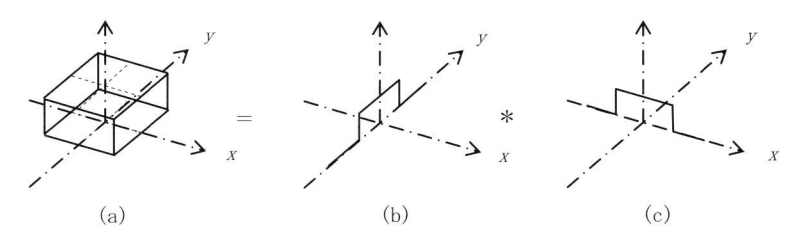

図 2.20 矩形開口の感度分布 $D(x,y)$ (a) と，xy 方向 1 次元分解 $D(y)$ (b)，$D(x)$ (c)

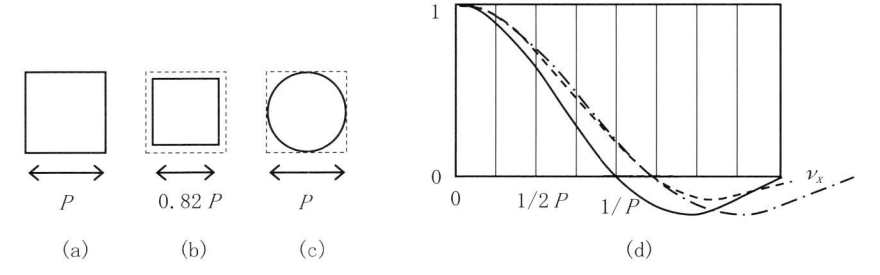

図 2.21 矩形開口 (a)(b)，円形開口 (c) と，それぞれの ν_x 方向 MTF 特性 (d)

　図 2.19(a) は円形マイクロレンズの画素開口の図である．この開口の感度が均一なら，その開口感度分布は $D(x,y)$ のように円柱状になる．そのフーリエ変換として与えられる MTF 特性は図 2.19(b) のようなベッセル関数となる．

　正方形の画素全体をマイクロレンズにできれば，その感度分布 $D(x)$ は図 2.20 のようになる．この場合は x 方向と y 方向の 1 次元矩形感度分布関数のコンボリューションに分解できる．矩形感度分布のフーリエ変換は sinc 関数なので ν_x, ν_y 方向とも sinc 関数であり，2 次元 MTF はこの 2 つの sinc 関数の積として簡単に求まる．

　図 2.21 は開口形状の違いによる MTF 特性の相違を比較したものである．この図は ν_x 軸断面の MTF 特性を示している．図 2.21(a) のような 1 辺 P の矩形開口の場合の MTF は次の sinc 関数となり，それを図 2.21(d) の実線に示す．

$$M(\nu) = \sin(\pi P \cdot \nu)/(\pi P \cdot \nu) \tag{2.28}$$

1 辺が b の矩形開口の場合の MTF は次のようになる．

$$M(\nu) = \sin(\pi b \cdot \nu)/(\pi b \cdot \nu) \tag{2.29}$$

もし $b = 0.9P$ なら零点が $b = P$ より 1.1 倍高周波側に伸びて，図 2.21(d) の一

点鎖線で示す sinc 関数となる．また直径 a の円形開口の場合はベッセル関数 J_1 を用いて

$$M(\nu) = 2J_1(\pi a \cdot \nu)/(\pi a \cdot \nu) \qquad (2.30)$$

となる．ベッセル関数の形は少しなじみが薄いので，使い慣れた sinc 関数で近似的に表すことを考えると，1 辺 b を $b = 0.867a$ とおいて次ができる．

$$M(\nu) = \sin(\pi \cdot 0.867a \cdot \nu)/(\pi \cdot 0.867a \cdot \nu) \qquad (2.31)$$

$a = P$ とおけば画素に内接する円形開口の MTF は sinc 関数を使って近似的に

$$M(\nu) = \sin(\pi \cdot 0.867P \cdot \nu)/(\pi \cdot 0.867P \cdot \nu) \qquad (2.32)$$

で，図 2.21(d) の破線で概形を把握できる（低周波の正の部分はよい近似）．

2.9 レンズ・OLPF・画素開口・サンプリングによるフィルター効果の連鎖

DSC のレンズ・OLPF・画素開口・サンプリングによるフィルター効果の連鎖において，OLPF を使わない場合と使う場合の比較をまとめておく．

2.9.1 OLPF を使わない場合

この場合のサンプリング結果は，

$$I_2(x) = I_0(x) \otimes \mathrm{PSF}(x) \otimes D(x) \qquad (2.2)$$

$$I_3(x) = \{I_0(x) \otimes \mathrm{PSF}(x) \otimes D(x)\} \cdot \mathrm{comb}_P(x) \qquad (2.4)$$

で与えられ，そしてそのフーリエ変換は以下のようである．

$$\tilde{I}_3(\nu) = \{\tilde{I}_0(\nu) \cdot \widetilde{\mathrm{PSF}}(\nu) \cdot \tilde{D}(\nu)\} \otimes \mathrm{comb}_{1/P}(\nu) \qquad (2.9)$$

2.9.2 OLPF を使う場合

この場合のサンプリング結果は，

$$I_2(x) = I_0(x) \otimes \mathrm{PSF}(x) \otimes \mathrm{OLPF}(x) \otimes D(x) \qquad (2.33)$$

$$I_3(x) = \{I_0(x) \otimes \mathrm{PSF}(x) \otimes \mathrm{OLPF}(x) \otimes D(x)\} \cdot \mathrm{comb}_P(x) \qquad (2.34)$$

で与えられ，そしてそのフーリエ変換は以下のようである．

$$\tilde{I}_3(\nu) = \{\tilde{I}_0(\nu) \cdot \widetilde{\mathrm{PSF}}(\nu) \cdot \widetilde{\mathrm{OLPF}}(\nu) \cdot \tilde{D}(\nu)\} \otimes \mathrm{comb}_{1/P}(\nu) \qquad (2.35)$$

この実空間と周波数空間の対応関係について，OLPF を使わない場合を図 2.22 に，OLPF を使う場合を図 2.23 に示した．図で，上側が実空間での空間

図 2.22 OLPF なしの場合の実空間と周波数空間の対応関係

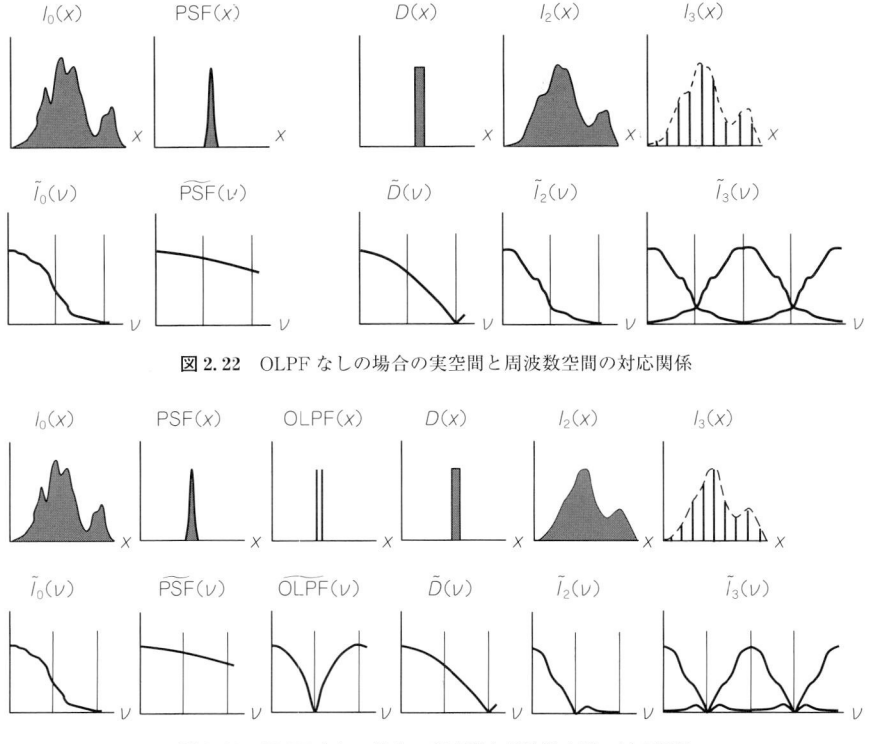

図 2.23 OLPF ありの場合の実空間と周波数空間の対応関係

フィルター作用の連鎖を示し，下側が周波数空間でのフィルター作用の連鎖を示している．周波数空間のフィルター連鎖の右端の図に，ナイキスト周波数 ν_n を境界として折り返し歪みが発生している様子を描いており，OLPF を使った場合はこの折り返し歪みの発生程度が少ないが，ナイキスト周波数手前の高周波側の空間周波数成分も減少する様子を比較して図示したものである．画像についての様々な効果を考える際には，目的に応じて実空間と周波数空間を使い分けて考えると理解しやすい．

2.10 サンプリングによる MTF 特性への影響

これまでいろいろ見てきたように，フーリエ変換は非常に強力なツールであ

2.10 サンプリングによる MTF 特性への影響

る．しかし，像の局所的な性質を調べようとするときには，必ずしも使いやすい道具ではない．フーリエ変換の特性上，実空間で場所を狭く切り取るとその情報は周波数空間では大きな範囲に広がり，特定の周波数に関する応答という考え方が難しくなる．具体的には，実空間で場所を狭く切り取るのに「窓関数」が使われることがあるが，これ自体が実空間の強度分布に擾乱を与える．

画像の性質を調べる際には，問題とする系に特定周波数の正弦波を入力し，これに対する正弦波の出力と入力との振幅比を検出してこれを系のレスポンスとし，横軸に周波数をとってこのレスポンス表現したものは，十分に広い実空間領域で正弦波を扱っていれば，これまで説明してきた MTF と違いはない．

しかし，画像を扱う場合はたとえば DSC で撮影した 3 本線の解像チャートのレスポンスを議論する必要がある．この場合には，普通の定義の MTF では上記窓関数問題があって扱いにくい．そこで，厳密な定義の MTF からは外れるが，たとえば特定間隔の 3 本線チャート（サイン状濃度分布 3 本線の方がより妥当だろうが，実際は矩形濃度分布 3 本線が解像チャートとして使われる）の入出力の最大コントラストの比をもって MTF のレスポンスに代用しようとする考え方がある．これを「見かけの MTF」と呼ぶことにする．この場合の最大コントラストの算出には幾分任意性が伴い，厳密な定義の MTF からは外れるが，実用的立場から以下ではこのやり方で吟味を進める[*4)]．

DSC の画質評価を行う場合，正弦波状もしくは矩形波状の周期チャートや，あるいはその一部を切り出した 3 本線チャートで解像を評価することがある．矩形波チャートの場合でも，サンプリングによる位相問題の影響が顕著になる高周波では，光学系と OLPF と開口ボケの効果で波形は角が取れて，サンプリングの対象となる関数はなめらかなサイン状波の周期チャートになっている．図 2.24 のサイン状波の図形はこの関数を示す．縦の点線はこのサイン状波の周期 L の $1/2$ に合わせて書き込んだものである．縦の実線はピッチ P（ただし $P<L/2$）のサンプリング位置を示し，○がサンプリングされた値である．$P<L/2$ にしているのでサイン状波が完全に正弦波なら，それはナイキスト周波数より小さい周波数の正弦波に相当している．

[*4)] 厳密な定義の MTF とは欄外脚注[*2)]に記した内容を指す．この「見かけの MTF」問題については，付録 B でも簡単に触れた．

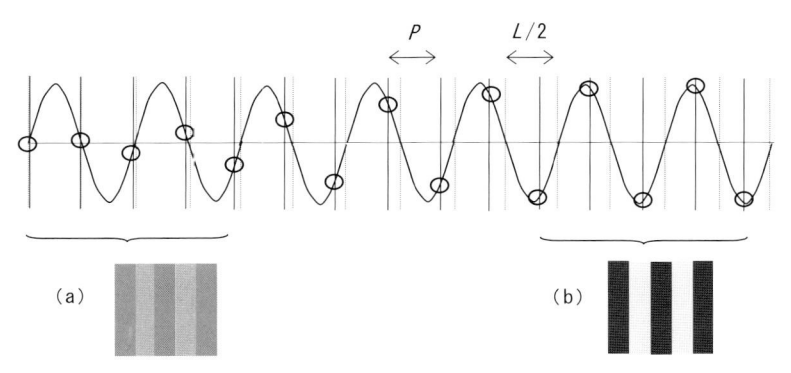

図 2.24 ナイキスト周波数近傍の格子像のモアレ

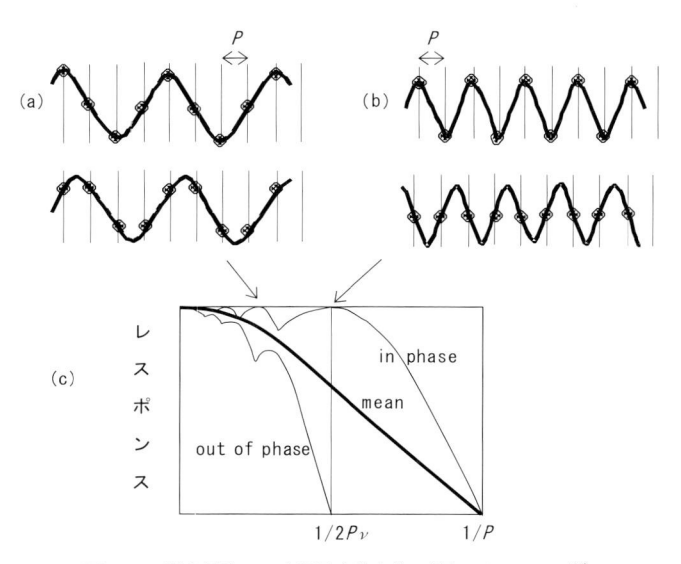

図 2.25 微小領域での空間周波数応答:「見かけの MTF」[11]

この図から,像を意味するサイン状波とサンプリングの位相関係で,サンプリングされた出力の振幅が大きく変動していることがわかる.この中から,3周期程度の部分を抽出すれば,(a)の部分は薄い濃淡の格子となり,(b)の部分は濃い濃淡の格子として出力されることがわかる.このように,微小領域のレスポンスがサンプリングの位置で変わる現象は,周期の近い2つの格子の重なりで生じるモアレの現象にほかならない.

次に，位相整合の度合いで生じるこのモアレ振幅の変動を，周波数を変えて調べた結果を「見かけの MTF」として図 2.25 に示す．

空間周波数図 2.25(b) に見るように，ちょうどナイキスト周波数の画像については，位相とサンプリングの位相が合う in phase（同位相）状態ではレスポンスが 1 になり，画像の位相とサンプリングの位相が out of phase（位相外れ）状態ではレスポンスが 0 になることがわかる．

図 2.25(a) はナイキスト周波数の 1/2 の周波数の場合だが，in phase と out of phase でのレスポンスの違いは小さい．位相マッチングを統計平均すれば「平均 MTF」は cos 的に低下している[11, 12]．

2.11　画像処理における MTF 特性

画像はサンプリングされた後も，デジタル画像処理による空間フィルター作用を受ける．最終の出力画像に至るまでには様々な画像処理を受けるので，画像は画像処理による様々なフィルター作用を受けることになる．

RGB の画素をもつ単板撮像素子では，最初に補間とよばれる処理を受ける．図 2.26 はベイヤー配列とよばれるカラーフィルターアレイ（CFA）配列について，図 2.26(a) は G 画素が中心にあるとき，図 2.26(b) は B 画素が中心にあるときの周辺 3×3 画素の CFA 配列を示している（R 画素が中心にあるときも同様）．補間処理は R 画素，G 画素，B 画素の位置に欠けている残りの 2 色を補う作業であり，いろいろな方法が提案されているが，ここでは単純な場合のフィルター作用を検討してみる．

図 2.26(a)，図 2.26(b) のいずれの場合に対しても，図 2.26(c) の加重加算をすれば $Y = 8G + 4B + 4R$ という輝度信号が得られる．図 2.26(c) の加重加算

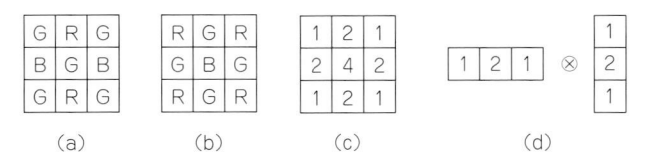

図 2.26　補間処理におけるフィルター作用

フィルターは図 2.26(d) のように，縦 3 画素の [1, 2, 1] フィルターと横 3 画素の [1, 2, 1] フィルターのコンボリューションで表せる．またこの [1, 2, 1] フィルター（図 2.27(b)）は $[1, 2, 1] = [1, 1] \otimes [1, 1]$ なので，結局図 2.27(a) の [1, 1] フィルターどうしのコンボリューションで表せる．[1, 1] フィルターの MTF 特性は図 2.27(c) の細線で表した $\cos(\pi P v_x)$ なので，[1, 2, 1] フィルターの特性はこの 2 乗である $\cos^2$ 関数となり，図 2.27(c) の太線 $\cos^2(\pi P v_x)$ のようになる．

このようなわけで，もし画像処理の過程で図 2.26(c) の加重加算フィルターが使われたなら，図 2.27(c) の太線のような周波数特性のフィルターが画像にかかっていることがわかる．

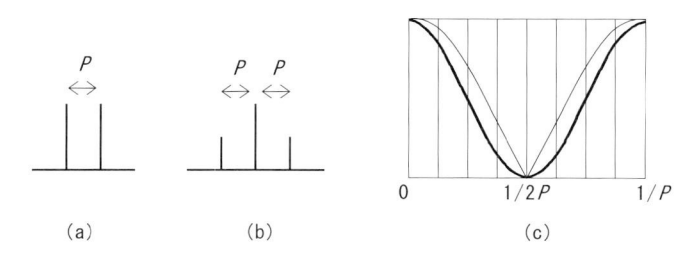

図 2.27 加重加算フィルターとその MTF

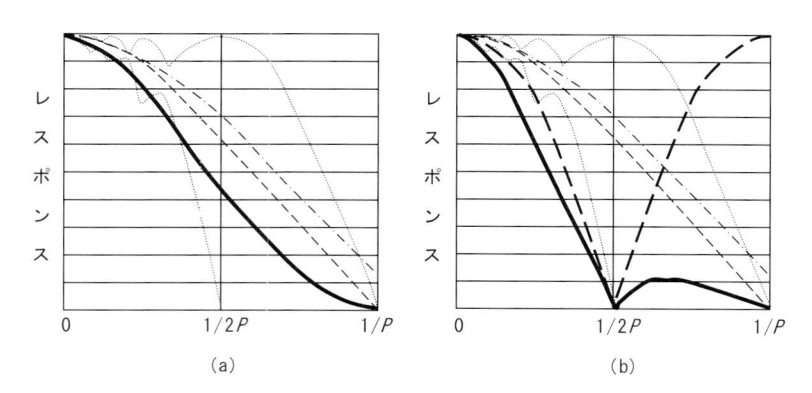

図 2.28 OLPF なしの撮像部 MTF (a) と OLPF ありの撮像部 MTF (b)
①太い破線：OLPF の MTF 特性 $|\cos(\pi P v_x)|$．②一点鎖線：開口（アパーチャー）の MTF 特性．③破線：「見かけの MTF」（mean）．④太い実線：平均的な撮像部 MTF 特性であり，①〜③の積に相当．⑤上下の点線：in phase と out of phase の「見かけの MTF」を参考表示．

2.12　撮像部の MTF 特性

　ここで，撮像部が OLPF とイメージセンサーから構成されると考えた場合の撮像部の MTF 特性について，OLPF の有無でその特性がどう変わるかを比較してみる．

① OLPF なしの場合の撮像部の MTF：図 2.28(a) の太実線．
画素開口効果，サンプリングの効果（「見かけの MTF」効果を含めて）．
② OLPF ありの場合の撮像部の MTF：図 2.28(b) の太実線．
OLPF なしの場合にさらに OLPF の効果が加わる．

2.13　DSC の空間周波数応答（SFR）

　単板式の DSC における画像出力形式には，いわばデジタル現像の処理前に相当する RAW 画像出力形式と，現像処理後の出力に相当する JPEG 画像出力もしくは TIFF 画像出力の形式がある．

① RAW 画像
撮像素子の CFA 配列のまま 1 画素 1 色で記録される．補間などの画像処理を受ける前の画像で，いわばフィルムの潜像にたとえることができる．被写体の理想的な光像 $I_0(x)$ に対して，RAW 画像を作り出すレスポンス特性を与える MTF は，

a) レンズの回折・収差・デフォーカスによるボケの効果に対応する MTF_1
b) 前節で述べた撮像部の MTF_2

である．この両者の積でトータルとしてのレスポンスを与える MTF 特性が決まる．

② JPEG 画像と TIFF 画像
JPEG 画像もしくは TIFF 画像は，RAW 画像をいわばデジタル的に現像した画像で，1 画素 3 色の成分をもち，普通に PC などで写真画像として鑑賞できる画像である．JPEG 画像の場合は圧縮を受けて歪んでいるので，ここでは非圧縮の TIFF 画像を DSC 出力画像 I_{DSC} として考えることにする．

被写体の理想的な光像 $I_0(x)$ を DSC 出力画像 I_{DSC} に変換する処理の，トータルとしてのレスポンスを SFR（spatial frequency response）と呼ぶなら，これは上記 a)，b) の積にさらに，

c）RAW 現像にあたるデジタル画像処理による MTF_3

が積算されねばならない．すなわち

$$\mathrm{SFR} = \mathrm{MTF}_1 \cdot \mathrm{MTF}_2 \cdot \mathrm{MTF}_3 \tag{2.36}$$

このデジタル画像処理の内容は，DSC カメラ内の処理によっても異なり，また RAW 現像ソフトによっても異なる．さらにノイズ除去や輪郭強調の処理を加えるとそれらの加工フィルターの MTF 特性がさらに乗ぜられるので，トータルレスポンスとしての SFR の周波数特性はこれらに依存して大きく変わってくる．

2.14　写真画像と OLPF

サンプリング定理は，サンプリングする前の元情報を完全に復元するための条件を述べたものである．写真画像の画質問題の検討にサンプリング定理をそのまま当てはめることの妥当性についてはまた別問題である．

図 2.29(a) は OLPF がない場合で，「撮影レンズの像」がナイキスト周波数以上の高周波成分も含めて撮像センサー面上に形成されている．この場合の出

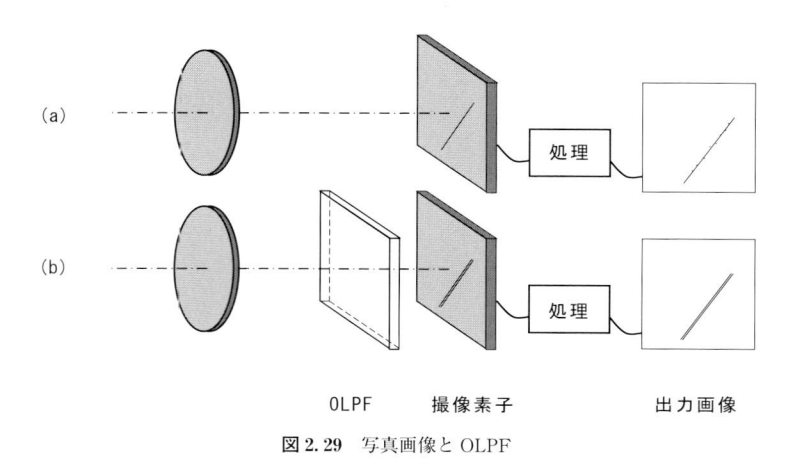

OLPF　　撮像素子　　　　　出力画像

図 2.29　写真画像と OLPF

力画像は鮮鋭感はあるが，偽色などの折り返しノイズを含む場合がある．

図 2.29(b) は OLPF がある場合で，「撮影レンズの像」が OLPF でボカされ，高周波成分が減衰した像が撮像センサー面上に形成されている．この場合の出力画像は折り返しノイズ発生確率が減少しているが，同時に鮮鋭感が低下している．

写真の場合，出力画像との比較元とすべき像は「撮影レンズの像」であろうか，それとも「撮影レンズの像が OLPF の作用を受けてボケた像」であろうか．後者の場合，OLPF で撮影レンズ性能をわざわざ劣化させて見ていることになるわけで，この段階で「撮影レンズの像」は復元不能になっているともいえる．

OLPF のありとなしのどちらを好ましいとするか，解像感と偽色のトレードオフをどう考えるかの判断は撮影対象や用途に依存し，結局は使う人の好みの問題にもとづく主観的判断に帰着することになる．単にサンプリング定理を満たすかどうかでは議論できない問題である．

2.15　2次元画像のナイキスト領域

2次元画像のナイキスト領域について，単色の場合，RGB カラーセンサーの代表であるベイヤー配列の場合，そしてその他のいろいろ工夫された CFA 配列におけるナイキスト領域について検討する．

2.15.1　単色イメージセンサーの場合

画素が縦方向と横方向にピッチ P で並ぶ単色イメージセンサーである図

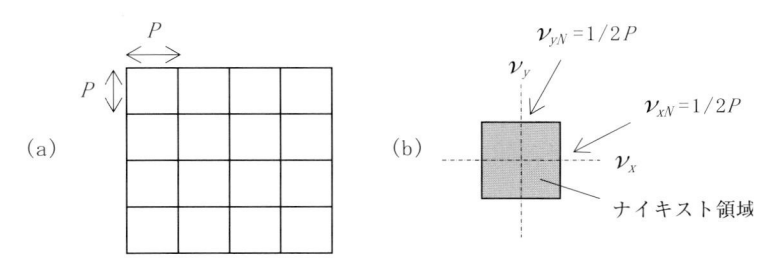

図 2.30　単色イメージセンサー（a）とそのナイキスト領域（b）

(a) 原信号のスペクトル範囲

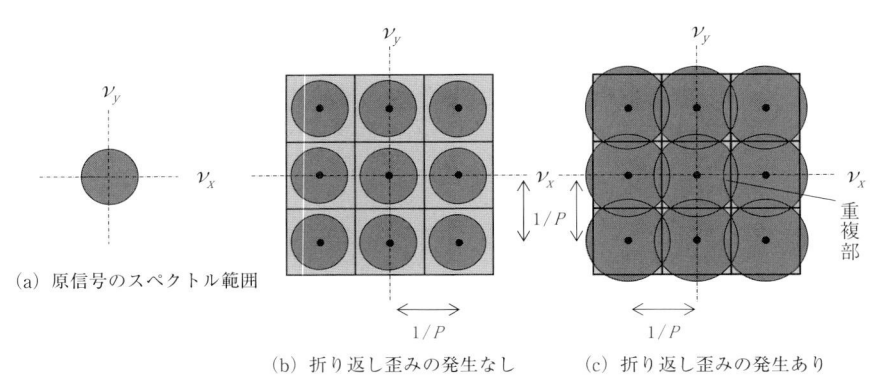

(b) 折り返し歪みの発生なし

(c) 折り返し歪みの発生あり

重複部

図 2.31 ナイキスト領域と信号スペクトル範囲の関係

2.30 (a) の場合は，縦横のナイキスト周波数 $1/2P$ で囲まれた範囲がナイキスト領域である．図 2.30 (b) で横方向 $x=1/2P$ と縦方向 $y=1/2P$ で囲まれた矩形領域がそれに当たる．この外側は折り返しが周期的に繰り返される図 2.31 (b) である．原信号のスペクトルの広がりを図 2.31 (a) で表すと，原信号スペクトルの広がりがナイキスト領域より狭い場合は図 2.31 (b) のように信号の存在範囲がナイキスト領域の内部に限定されるので，折り返し歪みは発生しない．図 2.31 (c) のように原信号のスペクトルの広がりがナイキスト領域より広い場合は重複部が発生して，ナイキスト領域端で折り返し歪みが発生する．

2.15.2 ベイヤーカラーフィルター配列の場合

RGB の画素が所定の配列で並ぶカラーイメージセンサーの場合は，色によってナイキスト領域が異なる．ベイヤー配列の場合を図 2.32 に示す．そのカラーフィルター配列（CFA）は図 2.32 (a) であり，全体の半数を占める G 画素は，45° 方向ピッチ $(\sqrt{2})P$ で斜め正方格子状に並び，全体の 1/4 ずつを占める R と B はそれぞれピッチ $2P$ で正方格子状に並ぶ．

この場合のナイキスト領域は色ごとに図 2.32 (b) のようになる．画素ピッチとナイキスト周波数は逆数の関係にあるので，R と B のナイキスト領域は全画素ナイキスト領域の縦横方向半分の矩形となっており，色に関しての空間解像度が悪いことを示している．

ナイキスト周波数近傍情報を OLPF で抑制することのこれまでの説明は，

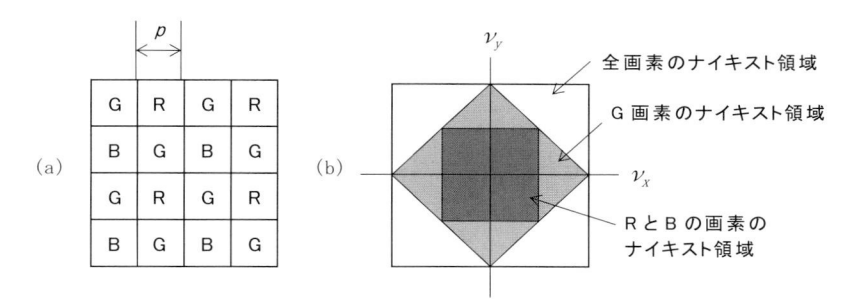

図 2.32 ベイヤー配列のイメージセンサー (a) とそのナイキスト領域 (b)

単色イメージセンサーを想定してなされていた．ベイヤー配列のような RGB 単板カラーイメージセンサーでは，G のナイキスト領域でさえ単色の場合の 1/2 の面積しかなく，R や B については単色の場合の 1/4 の面積しかない．各色のナイキスト周波数を抑圧するように OLPF を設計したら，情報の表現範囲は R もしくは B のナイキスト領域程度になってしまい，非常にぼんやりした画像しか得られないことになる．したがって，実際には単板カラーイメージセンサーの RGB 各色のナイキスト領域に対して，折り返し歪みがないように OLPF を設計するという考え方はしていない．画像の場合は R 面，G 面，B 面の間に強い相関があるので，各色の相関関係を活用することで色ごとの狭いナイキスト領域の壁を破る試みをしながら画像を作る必要があり，そのため補間ではできるだけ他色情報を活用するように工夫することが必要である．

2.15.3　ベイヤー配列を 45° 回転させた CFA 配列とナイキスト領域

ベイヤー配列を 45° 回転させた配列図 2.33(a) が実用化されている[13]．この配列はベイヤー配列図 2.32(a) を 45° 回転させたもので，周波数空間も 45° 回転させればナイキスト領域も図 2.33(b) となる．

この配列の特徴は全画素のナイキスト領域の広がりが，45° 方向より水平方向と垂直方向に大きく広がっていることである．写真が対象とする一般の被写体は縦線構造や横線構造が多いので，縦方向や横方向に領域が広がっていると情報の利用効率がよくなり，それがこの配列の利点となっている．しかし，単純にこれがいえるのは単色センサーの場合であり，RGB 配列の場合は単純で

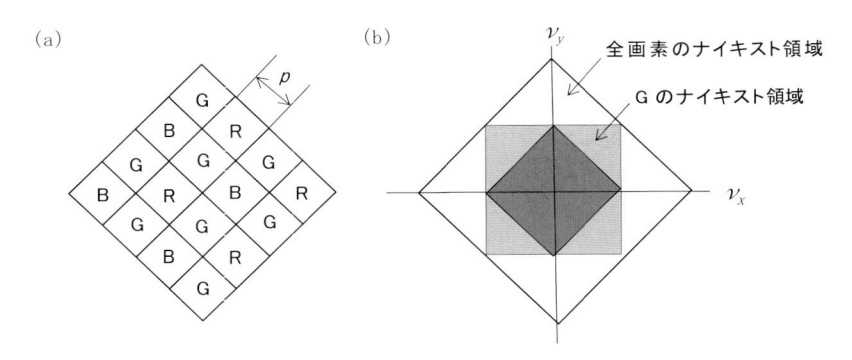

図 2.33 ベイヤー配列 45°回転のイメージセンサー (a) とそのナイキスト領域 (b)

はない．

　たとえば，G 画素に着目すると G 単独のナイキスト領域は 45°方向より水平・垂直方向の方がナイキスト領域は狭くなっている．すなわち，図 2.32(b) に示すように，G 面単独ではむしろベイヤー配列の方がナイキスト領域の縦横の広がりは大きい．

　したがって，ベイヤー配列を 45°回転させた配列で縦横解像度を上げ，その特長を生かすためには補間において面相関を十分に活用して G 単独のナイキスト領域を単色のナイキスト領域に近づける工夫が必要であり，そのできの善し悪しでベイヤー配列を 45°回転させたうまみが生かせるか否かが決まることになる．

　また，この配列では画素のある位置が 45°格子状なので，画像出力には正方格子配列への変換が必要となる．

2.15.4　ベイヤー配列の他の変形とナイキスト領域

　ベイヤー配列の他の変形をもう少し検討しよう．

　ベイヤーの CFA 配列は図 2.34(a1) であり，G のナイキスト領域は図 2.34(a2) の灰色の菱型領域である．ベイヤー配列 G 格子点のフーリエ変換による逆格子点が図 2.34(a2) の白丸位置であり，これを中心にナイキスト領域が繰り返されるので，1 つのナイキスト領域は 2 つの白丸を結ぶ線の垂直 2 等分線を境界にもつことになる．この考え方でいろいろな G 格子のナイキスト領域

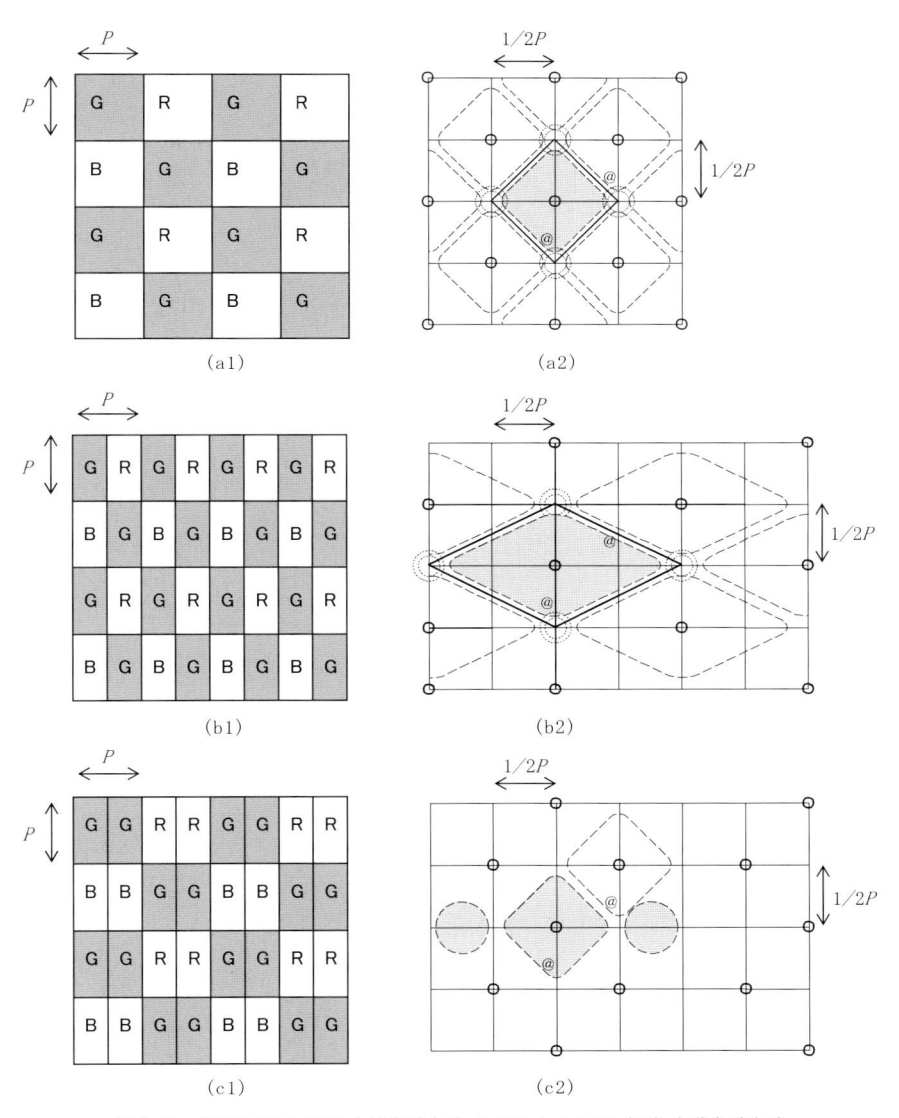

図 2.34 各種のCFA配列 (a1)(b1)(c1) とそのナイキスト領域 (a2)(b2)(c2)

を考えることができる.

図 2.34(b1) はベイヤー配列を横方向にピッチを 1/2 にした横倍密度のベイヤー配列である. この場合は横方向を単純に 1/2 に縮小しただけなので，フー

リエ変換による逆格子空間では横に 2 倍した構造となり，G のナイキスト領域は図 2.34(b2) の灰色の横長菱型領域である．横方向の空間解像度が 2 倍に広がっている．

それではベイヤー配列の CFA 配列で，図 2.34(c1) のようにピッチ P の画素を左右 2 画素に分けて密度を 2 倍にした場合のナイキスト領域はどうなるであろうか．この CFA 配列は，図 2.34(a1) のベイヤー配列 G 格子点を，1/2 画素ピッチ（$P/2$）だけ x 方向に横ズラシして 2 画素化する「横ズラシ関数」で x 方向にコンボリューションして求まる．この実空間 $P/2$「横ズラシ関数」のフーリエ変換は「ν_x 方向に cos で変化し，零点が…，$-1/P$, $1/P$, $3/P$, … の関数」である．したがって，図 2.34(c1) の G 格子点のフーリエ変換後の逆格子点は，図 2.34(a2) の逆格子点に「ν_x 方向に cos で変化し，零点が…，$-1/P$, $1/P$, $3/P$, … の関数」を乗じることで，ν_x 座標が…，$-1/P$, $1/P$, $3/P$, … の逆格子点は消滅して図 2.34(c2) のようになる．横隣の $1/P$ の逆格子点が消滅しているので，ナイキスト領域は横に広がりそうなものだが，斜め方向（$1/2P$, $1/2P$）が残っていてナイキスト領域が十分広がらない．したがって，この CFA は画素密度を上げてもあまり空間解像度が上がらない．

2.15.5　間引き読み出しのナイキスト領域

次に間引き読み出しの場合を調べてみる．その前準備として，画素ピッチ P をもつベイヤー配列の G 格子点のフーリエ変換方法の別解を確認しよう．図 2.35(a) のベイヤー配列 G 格子点は「横 $2P$ ピッチ，縦 $2P$ ピッチの G 正方格子」と「45°下方（$\sqrt{2}$）P ズラシして 2 画素化」のコンボリューションで与えられる．したがって，ベイヤー配列 G 格子点のフーリエ変換は，「横 $2P$ ピッチ，縦 $2P$ ピッチの G 正方格子」のフーリエ変換と，「45°下方（$\sqrt{2}$）P ズラシ 2 画素化」のフーリエ変換との積で与えられる．すなわち，周波数空間で「横 $1/2P$ ピッチ，縦 $1/2P$ ピッチの正方格子点」と「45°下方に cos で変化し，45°下方に $-1/P$, $1/P$, $3/P$, … の間隔で零点となる関数」の積で与えられる．その結果，図 2.35(b) の点線上の格子点が消滅するので，結局，図 2.35(b) のようなベイヤー配列 G 格子点のフーリエ変換格子点が得られる．

ベイヤー配列から画素を間引きして図 2.36(a) の CFA にした場合のナイキ

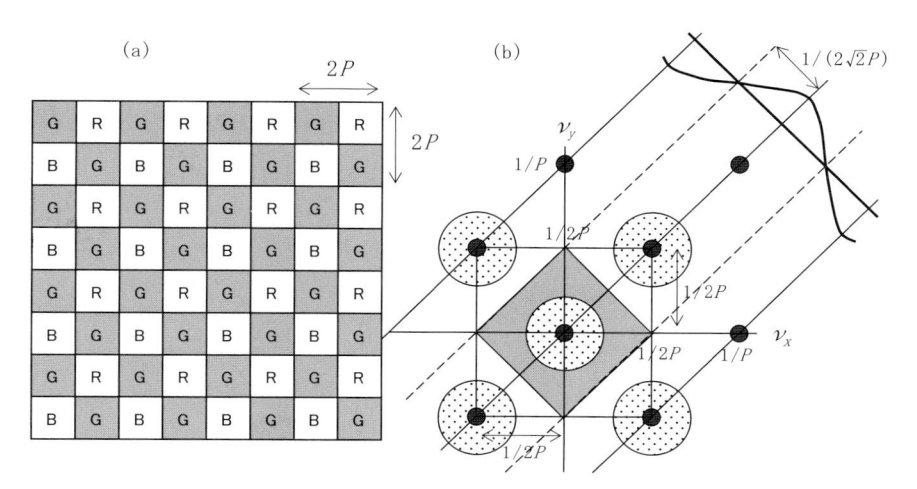

図 2.35 ベイヤー配列 (a) とそのナイキスト領域（灰色の菱型領域）(b)

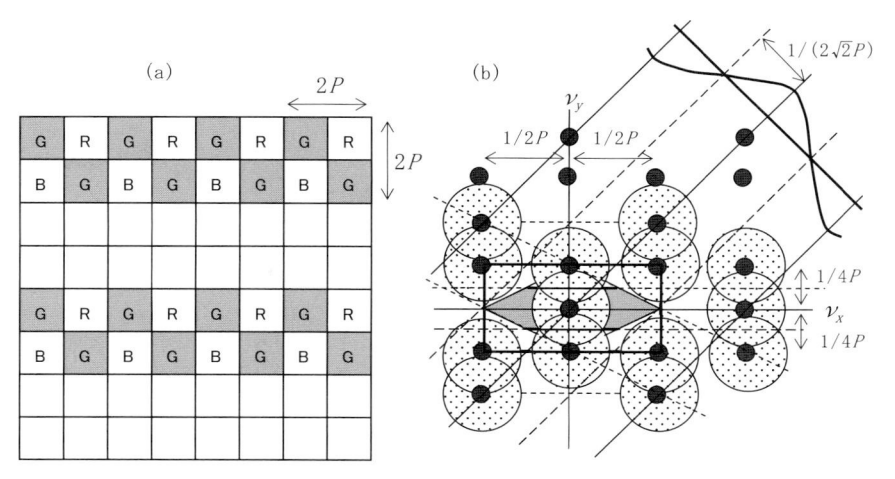

図 2.36 ベイヤー配列間引き CFA 配列 (a) とそのナイキスト領域 (b)

スト領域はどうなるかを，同じ方法で求めてみよう．手順として，実空間での「ベイヤー間引き G 格子配列」を，「横 $2P$ ピッチ，縦 $4P$ ピッチの G 長方格子」と「斜め下方に $(\sqrt{2})P$ ズラシによる 2 画素化」のコンボリューションに分解する．「ベイヤー間引き G 格子」のフーリエ変換は，「横 $2P$ ピッチ，縦 $4P$ ピッチの G 長方格子」のフーリエ変換と「斜め下方に $(\sqrt{2})P$ ズラシによる 2 画素

化」のフーリエ変換の積になるから,「横 $1/2P$ ピッチ,縦 $1/4P$ ピッチの格子点」と「45°下方に cos で変化し,45°下方に…,$-1/P$,$1/P$,$3/P$,… の間隔で零点となる関数」の積で与えられる.その結果,図 2.36(b) の点線上の格子点が消滅するので,結局,「ベイヤー間引き G 格子」のフーリエ変換格子点が図 2.36(b) として得られる.

図 2.36(b) を見れば,図 2.35(b) では十分に余裕のあった情報の広がり範囲(ドット地の○の範囲)が相互に激しく重なっており,折り返し歪みが激しく発生することがわかる.

文　　献

1) 渋谷眞人,大木裕史:回折と結像の光学,p.85,p.189,コンボリューション,δ 関数.朝倉書店 (2005).
2) 渋谷眞人,大木裕史:回折と結像の光学,p.86.朝倉書店 (2005).
3) 小倉磐夫:現代のカメラとレンズ技術,p.133.写真工業出版社 (1982).
4) 小倉磐夫:現代のカメラとレンズ技術,p.141.写真工業出版社 (1982).
5) 小倉磐夫:現代のカメラとレンズ技術,p.142.写真工業出版社 (1982).
6) 小倉磐夫:現代のカメラとレンズ技術,p.122.写真工業出版社 (1982).
7) 小倉磐夫:現代のカメラとレンズ技術,p.160.写真工業出版社 (1982).
8) 小倉磐夫:現代のカメラとレンズ技術,p.143 の改変.写真工業出版社 (1982).
9) 久保田広:波動光学,p.389.岩波書店 (1971).
10) 青野康廣:デジタル写真の基礎 (6),5.デジタルカメラの光学系 (2).日本写真学会誌,**73**(4),211-217 (2010).
11) 金澤勝,他:ディスプレイの MTF 測定方法.映像情報メディア学会誌,Vol.55,No.5,pp.760-772 (2001).
12) 大石巌:画像デバイスの解像特性.テレビジョン学会技術報告.ITEJ Technical Report,Vol.13,No.57,p.19 (Nov., 1989).
13) 田丸雅也,小田和也,乾谷正史:新構造イメージセンサー「スーパー CCD ハニカム」の原理と応用.Fujifilm Research & Development,No.46 (2001).

3

補 間 と 画 質

　デジタルスチルカメラ（DSC）の撮像部の構成は，単板式と多板式とに分けられる．単板式には1画素1色タイプのほかに，1画素が3層構造から成り，1画素に3色をもつ撮像のタイプも存在する．この章では，多くのDSCが採用する単板式を中心に説明する．

　1画素に1色しかもたない単板式カラーイメージセンサーでは，残りの2色に関しては周りの同色画素から色を予測する必要がある．この予測を間違うと偽色が発生してノイズの多い画像となる．原理的にはすべての場合について正しい予測をすることは不可能であるが，統計的な意味でできるだけ見た目に好ましい画像が得られるように，OLPF特性，カラーフィルターアレイ（CFA）配列，画像処理が工夫されてきた．

　現在の単板イメージセンサーではRGB原色タイプが主流であり，中でもベイヤー配列が多く用いられている．DSC発展の初期には，それまでビデオカメラで使われていた補色CFA配列が多用された．補色配列は4画素中3画素が解像を担うG成分を含むので，画素数が少ない時代には解像感を高める上で有効な選択であった．しかし，色再現が原色系に比べて劣るとされ，現在はほとんどが原色系である．静止画で主流のベイヤー配列は，G：R：Bの画素比が2：1：1で構成され，純粋なRGBの色情報が得られるので色再現は補色配列に勝るとされる．しかし，ベイヤー配列は偽色が発生しやすく，画像として見られるレベルに加工するための画像処理が複雑でその演算負荷が大きい．撮像素子の画素数の増大と，ハードウェアによる高速処理が可能となったことにより，DSCでのベイヤー配列の採用が広がった．ベイヤー配列以外の配列もいろいろ工夫されており，その点にも簡単にふれる．

写真は階調のアートといわれるほど階調性が重要であるとされる．画質を決める重要な要素としては，階調性・鮮鋭性（コントラスト・解像力）・色再現性・粒状性などがあげられる．この章の後半では，デジタル画像の画質に関連して，解像と階調とノイズの関係について説明する．

3.1　CFA 配列と分光感度

DSC の主要なカラーフィルターアレイ（CFA）について概観する．

補色フィルターは Ye（黄），Cy（シアン），Mg（マゼンタ），G（緑）の4色で構成される．その配列を図3.1(a) に示すが，この補色配列では2列ごとに交互に組み替えることで読み出しに同期した単純な加減算で補間演算が可能という特徴がある．

センサーの光電変換部の分光感度特性は図3.2(a) のように広い波長範囲に広がっているが，原色や補色の画素単位のオンチップカラーフィルターと，余分な赤外域あるいは紫外域をカットする帯域フィルターとの組み合わせで，たとえば図3.2(b) のような原色 RGB 分光感度特性や (c) の補色分光感度特性を実現している．

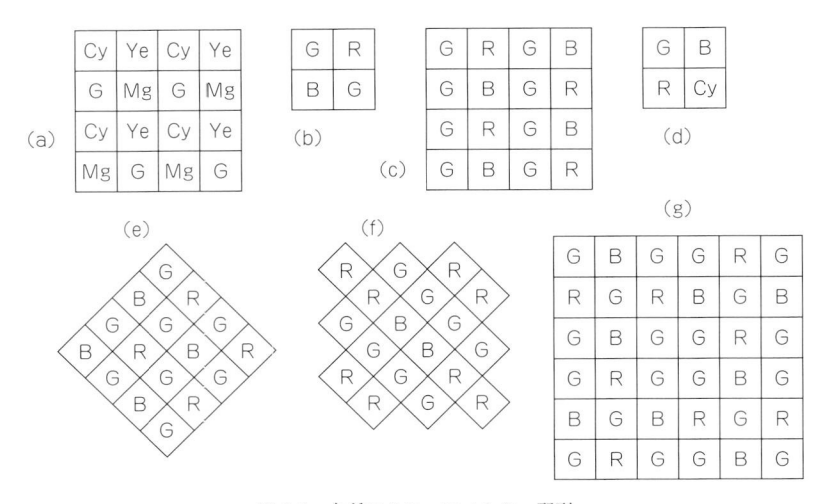

図 3.1　各種のカラーフィルター配列

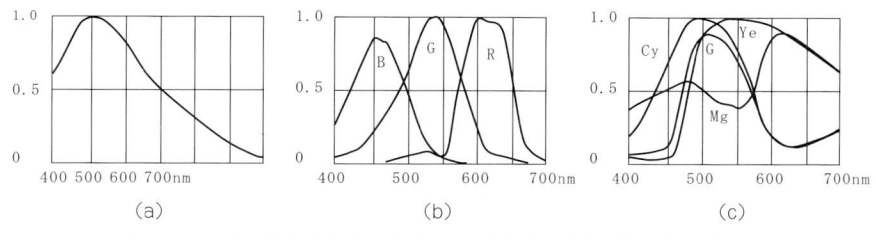

図 3.2 センサー分光感度（a），原色 RGB 分光感度（b），補色分光感度（c）

原色配列としてはベイヤー配列[1]（図 3.1(b)）が使われることが多い．RGB 4 画素配列（G:R:B=2:1:1）を単位としてこの繰り返しで作られるベイヤー配列は複雑な補間計算を必要とし，ビデオカメラでは採用されなかったが DSC では主流となった．

ベイヤー配列以外の原色 CFA 配列もいろいろ工夫されている．G ストライプ RB 市松配列（図 3.1(c)），RGB にシアン Cy を加えた 4 色配列（図 3.1(d)），ベイヤー配列を 45° 回転したハニカム配列と呼ばれる配列（図 3.1(e))，他にも EXR と呼ばれる配列（図 3.1(f)），6×6 の新配列（図 3.1(g)）など，様々な配列が製品化されている．

3.2　補色 CFA の補間法

補色配列では原色の RGB を作り出すために複数の補色画素出力の引き算が必要なため，算出された原色の純度も S/N も低下して色の再現性については原色配列に劣る．DSC も初期は補色配列が多かったが，画素数が増えて解像が増し，ハードウェアの処理能力が高まって，ベイヤー配列の潜在能力を十分引き出すことが可能になってからは，補色配列の DSC はほとんど見られない．

ビデオカメラで多用された Cy, Mg, Ye, G の補色配列では，4 色中 Mg を除く 3 色はその色帯域の中に輝度成分の G 成分を含むので解像性能的には有利とされる．リアルタイム処理できる単純な計算で解像性能の高い画像を得ることができるメリットがある．

補色画素から RGB の色を引き出す計算は，たとえば以下のようなものである[2]．

```
        | Cy | Ye | Cy | Ye |  ⎫
        |----|----|----|----|  ⎬ A1
        | G  | Mg | G  | Mg |  ⎭
  B1 ⎰
        | Cy | Ye | Cy | Ye |  ⎫
        |----|----|----|----|  ⎬ A2
        | Mg | G  | Mg | G  |  ⎭
  B2 ⎱
```

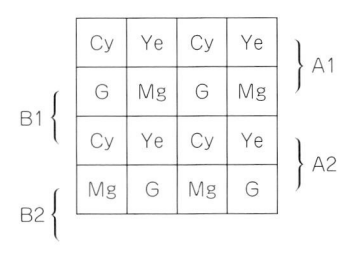

図 3.3 補色の読み出し形式と補間

図3.3の補色CFA配列において，全画面(1フレーム)をA, Bの2つのフィールドに分けて読み出す．まずAフィールドではA1のペアとA2のペアで順次読み出しを行う．したがって，

$$A1 : (Cy+G), (Ye+Mg), (Cy+G), (Ye+Mg), \cdots\cdots \qquad (3.1)$$

$$A2 : (Cy+Mg), (Ye+G), (Cy+Mg), (Ye+G), \cdots\cdots \qquad (3.2)$$

次にBフィールドではB1のペアとB2のペアで順次読み出し

$$B1 : (G+Cy), (Mg+Ye), (G+Cy), (Mg+Ye), \cdots\cdots \qquad (3.3)$$

$$B2 : (Mg+Cy), (G+Ye), (Mg+Cy), (G+Ye), \cdots\cdots \qquad (3.4)$$

これらが信号として時系列的に出力される．

ここで近似的に $Cy=B+G$, $Mg=R+B$, $Ye=R+G$ とおくと

$$(Cy+G) = 2G+B \qquad (3.5)$$

$$(Ye+Mg) = 2R+G+B \qquad (3.6)$$

$$(Cy+Mg) = R+G+2B \qquad (3.7)$$

$$(Ye+G) = 2G+R \qquad (3.8)$$

となるので，輝度成分を，

$$Y = (2B+3G+2R)/2 \qquad (3.9)$$

とすれば

$$Y = \{(Cy+G) + (Ye+Mg)\}/2 \qquad (3.10)$$

$$Y = \{(Cy+Mg) + (Ye+G)\}/2 \qquad (3.11)$$

となり，これは連続して出力される2信号の加算平均から簡単に算出できる．

また色差信号を，$Cr=2R-G$ および $Cb=2B-G$ とすれば，

$$Cr = (Ye+Mg) - (Cy+G) \qquad (3.12)$$

$$Cb = (Cy + Mg) - (Ye + G) \tag{3.13}$$

で求まる．このようにして A1 列から Y, Cr が，A2 列から Y, Cb が取り出せることになる．B 列も同様である．Cr, Cb については交互列で算出されるが，欠けた列は上下の平均で埋められる．このようにして，画面全体の各画素について（Y, Cr, Cb）が求まる．（R, G, B）に変換するには 3×3 のマトリクスを乗じる．

3.3　原色ベイヤー配列の補間法

ベイヤー配列は，解像度性能と色再現性をバランスよく実現することができるとされ，現在ほとんどの単板 DSC はこの CFA 配列である．しかし，性能を発揮するには比較的複雑な計算が必要とされる．

ベイヤー配列の補間はディベイヤーとも呼ばれ，多数の論文や特許が出されており，興味のある方はそれらの原典にあたっていただきたい．ここでは基本的な考え方を説明する．

最も単純なやり方を図 3.4 を用いて説明する．まずベイヤー配列を G 面，R

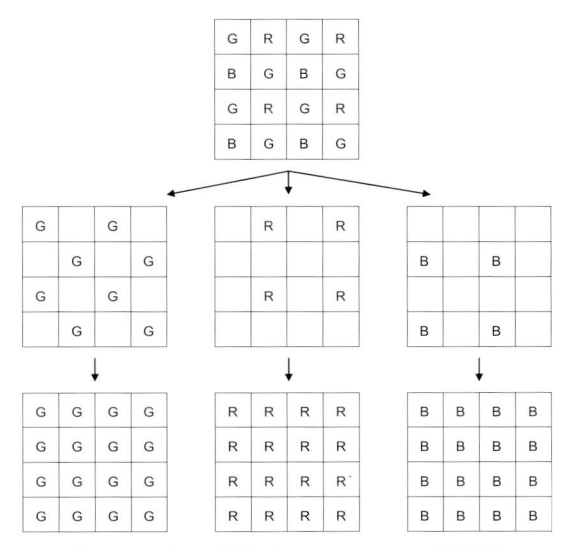

図 3.4　ベイヤー補間（ベイヤー CFA の 3 面分解）

3. 補間と画質

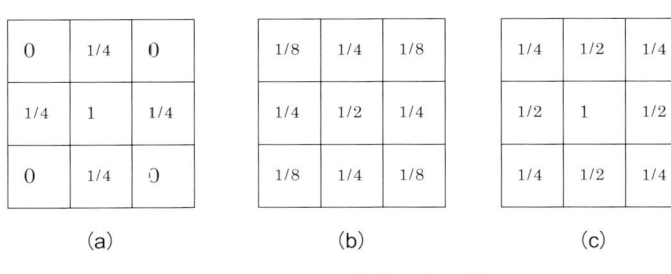

0	1/4	0
1/4	1	1/4
0	1/4	0

(a)

1/8	1/4	1/8
1/4	1/2	1/4
1/8	1/4	1/8

(b)

1/4	1/2	1/4
1/2	1	1/2
1/4	1/2	1/4

(c)

図 3.5 ベイヤー補間の重み係数

$G_r=100$	R=0
B=100	$G_b=0$

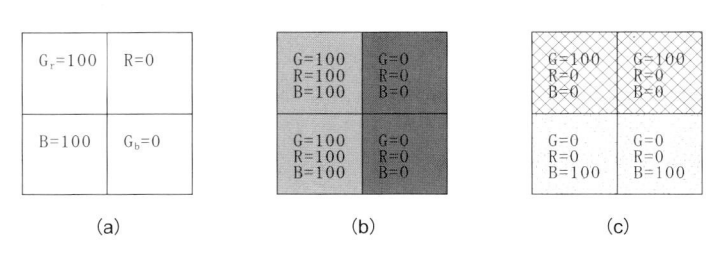

(a)

G=100 R=100 B=100	G=0 R=0 B=0
G=100 R=100 B=100	G=0 R=0 B=0

(b)

G=100 R=0 B=0	G=100 R=0 B=0
G=0 R=0 B=100	G=0 R=0 B=100

(c)

図 3.6 ベイヤー補間（同一の画素出力を生む入力光像パターン）

面，B 面に分解する．あとは各面とも欠けた画素の値を近傍にある同色の画素の平均値で埋めればよい．

近傍平均は G 面については図 3.5(a) のフィルターをかけることにより，R 面，B 面については図 3.5(c) のフィルターをかけることにより達成できる．フィルターの形はいろいろ考えられ，たとえば G 面については図 3.5(b) のフィルターも考えられる．

しかし，このような単純なやり方では良好な結果が得られないことが多い．これは具体的な例を考えてみれば明らかで，たとえば，ベイヤーの最小構成単位の G_r, R, B, G_b について，イメージセンサー画素出力が図 3.6(a) のように $G_r=100$, R=0, B=100, $G_b=0$ となる入力光像パターンを調べてみると，図 3.5(b) と (c) に 2 例を示したが，そのような組み合わせが無数に考えられるからである．

入力光像パターンの変化が激しい画像部分では，近傍情報による予測が難しい．そこで OLPF で高周波成分を落として近傍画素間に入力される光像の類似性を高め，欠けた色の予測を当たりやすくする．このようなわけで補間の課

80			80	80		80	10
	10		10	10		80	10
(a)			(b)			(c)	

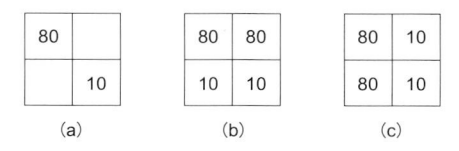

図 3.7 ベイヤー補間（横縞，縦縞）

題は，限られた情報の中で，欠けた色の値をいかに正しく予測するかということになる．そのためには一般的な写真画像の統計的性質，たとえば撮影対象の世界は統計的には Gray World である（平均すると灰色に近い）とか，世界は縦横構造が多く斜め方向より上下や左右方向の方が類似性が高い場合が多い，などの仮定を活用することが必要になる．たとえば図 3.7(a) は G 格子点の出力の値を表したものであるが，この情報だけから G の空格子点の値が予測できるだろうか．撮像素子が受光している光像が横縞とわかっていれば図 3.7(b) のようになるし，縦縞とわかっていれば図 3.6(c) のようになる．もし Gray World を仮定できれば別の色の情報を参考に，現在の画像が縦縞に近いか横縞に近いかを判断して補間することもできる．

　他の色との相関を利用して，予想精度を上げようという試みもある[3)]．この方法では，5×5 画素程度の範囲では，G の変化の度合と R の変化の様子が類似していると仮定する．つまり連続 5 画素の R_1, G_2, R_3, G_4, R_5 の並びにおける真ん中の R_3 の位置の G の値 G_3 を算出する場合に，この部分の G の分布と R の分布の形状が類似しているとして予測するものである．G と R の分布形状に類似性の高い場合には良好な結果を生むが，類似性の低い場合は逆効果の場合もないわけではない．補間についてはこれに限らず様々な工夫が考えられている．

3.4　OLPF の有無と補間画像

　画像の解像度を調べるチャートとしては，同心円状のサーキュラーゾーンプレート（CZP）や放射状のジーメンスターチャートがよく知られている．これらのチャートはナイキスト折り返し歪み（偽色など）が，OLPF の有無や補間の善し悪しでどのように変わるかを見るのに最適である．むしろ，ナイキスト

折り返しに敏感すぎて，技術評価テストには適しているが，一般の風景ではほとんど偽色などのノイズが問題にならない場合でも顕著な偽色ノイズパターンを発生することがある．写真画質を議論する上では，トータルバランスとしての視点が要求される．

図 3.8 はこの 2 種のチャートとちょうどナイキスト周波数に一致する白黒チャートと，ナイキスト周波数の半分に相当する白黒チャートと，さらにいくつかのカラーチャートを並べたものである．これはシミュレーション用に作成したテスト画像なので画素単位で鮮明に描かれているが，実際には撮影レンズ等によるボケの効果により，このように鮮明な像が撮像素子上に形成されることはほとんどないことに注意されたい．

ここで，図 3.8 左は OLPF なしの場合のテスト画像，右はそのベイヤー化画像であり，図 3.9 左は OLPF ありの場合のテスト画像，右はそのベイヤー化画像である．ベイヤー化画像とは，テスト画像からベイヤー配列にならって画素ごとに G, R, G, B の情報を取り出したものである．図 3.9 右では OLPF の効果で，ナイキスト周波数に相当する縦横格子はその縞状構造が消失して一様な色になっていることがわかる．

3.4.1　単純補間

単純な補間の結果がどうなるかシミュレーションした結果を図 3.10 に示す．図 3.10 左の図は OLPF がない場合のベイヤー画像である図 3.8 右の図に，単純補間を施したものである．図 3.10 右の図は OLPF がある場合のベイヤー画像である図 3.9 右の図に，単純補間を施したものである．

ここで単純補間とは，図 3.4 で説明した最も単純な補間である．OLPF 有無でナイキスト周波数近傍の偽色の様子が大きく異なることがよくわかる．画素ピッチの細かい DSC では，画素が微細になればなるほど撮影レンズによるボケのフィルター効果だけで高周波成分が大きく低下するため，このシミュレーション結果の図に比べて OLPF 有無の差ははるかに微妙である．

3.4 OLPF の有無と補間画像 55

図 3.8　テスト画像，OLPF なし（左：原図，右：ベイヤー化）［口絵参照］

図 3.9　テスト画像，OLPF あり（左：原図，右：ベイヤー化）［口絵参照］

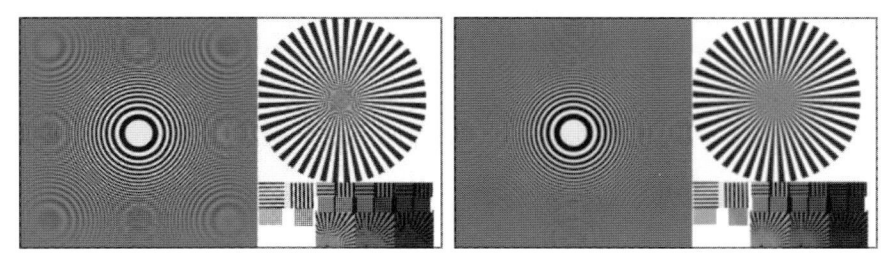

図 3.10　テスト画像補間後 1（左：OLPF なし，右：OLPF あり）［口絵参照］

図 3.11　テスト画像補間後 2（左：OLPF なし，右：OLPF あり）［口絵参照］

3.4.2 構造判断を加味した補間

次に，被写体は縦縞構造だという前提に立って補間した場合の例を図 3.11 に示す．もとの画像が縦構造であった部分は良好に再現されている．それに対してもとの画像が横構造の部分は盛大に偽色が発生している．このシミュレーションからわかるように，もしもとの画像の構造について正しい判断ができれば良好な画像の再現が可能となる．

3.5 OLPF 考

前記のシミュレーションでは，偽色発生の顕著な傾向をつかむことを主眼として，撮影レンズのボケもなく，補間も性能の劣る単純補間の例を用いて説明した．実際には画素微細化が進んで，ある F 値以上では撮影レンズの点像ボケ効果だけでナイキストフィルターとして十分な状況になっており，また非常に工夫を凝らした画像処理により，通常の被写体では OLPF 有無の差がわかりにくい状況になっている．とくに 2 μm 以下の画素をもつ小型撮像素子を用いる DSC では OLPF を使わないことが多い．

複雑な模様の生地に発生する周期の大きいモアレ状の偽色は，その後の画像処理でこれを除去することが難しい．他方，自然風景撮影などでは OLPF なしで撮影しても違和感のある目障りな偽色が見られることはまれである．したがって，撮影対象によっても OLPF の最適な強さは異なっている．さらに，偽色と解像感のバランスは個人の好みに依存する部分も大きく，また用途や目的によっても異なってくる．写真表現の分野では解像感の失われる OLPF が嫌われることもあり，OLPF の選択は技術問題というよりも各人の感性的な判断にゆだねられる問題といえよう．

3.6 その他の CFA 配列

CFA 配列と OLPF は独立に考えることができない．そこで OLPF を不要とすることをめざした CFA として，6×6 を基本構造とする図 3.12(b) に示す配列が提案されている．また，複数の解像度に対応した読み出しができる図

(a) 新CFA配列 (1)　　　(b) 新CFA配列 (2)

図 3.12　新 CFA 配列

3.12(a) に示す配列も提案されている[4,5]．

3.7　1画素3層構造のセンサー

1画素に B, G, R の3層構造をもつ撮像センサーが開発されている[6]．図 3.13 (a) にセンサーの断面構造を示す．このセンサーの利点は OLPF なしで偽色が発生せず，高い解像感のある画像が得られることである．輝度モアレは発生することもあるが，偽色の色モアレに比べれば少ない．図 3.13(b) はセンサーの RGB 分光感度特性である．入射光の波長に依存して半導体内部への侵入長が異なり，青，緑，赤の順で波長の長い赤側の侵入長が長くなることを利用して，深さ方向で B, G, R の色分離を行っている．図 3.2(b) に分光感度分布を示すが，

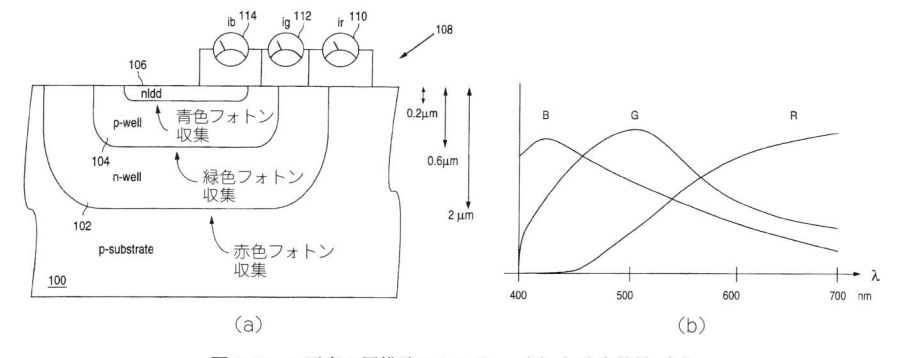

図 3.13　1画素3層構造のセンサー (a) と分光特性 (b)

構造に由来して，RGB 感度分布の相互の重なりが大きいことが特徴である．

3.8 フィルムの等価画素サイズ

フィルムの解像性能を示す MTF 特性（空間周波数特性）と，イメージセンサー画素の MTF 特性とを比較することで，フィルムの近似的な等価画素サイズを算出することができる．図 3.14 は，フィルムの MTF 特性を表す曲線と，幅 D の矩形感度分布をもつ開口の MTF 特性を表す曲線とを重ねて表示したものである．フィルムの MTF 特性は高周波まで長くすそが伸びており，高周波側の特性は大きく異なるが，MTF＝0.5 の点で両者を重ねることで近似する方法をクリス（Kriss）が提案している[7]．

開口幅 D の画素が矩形感度分布をもつとすれば，その周波数特性は，矩形関数のフーリエ変換である sinc 関数で与えられる．このセンサーの MTF は

$$\mathrm{MTF(f)} = \sin(\pi D\nu)/(\pi D\nu) \tag{3.14}$$

となる．論文によれば $\mathrm{MTF}(\nu) = 0.5$ となるのは，$\pi D\nu = 1.96$ であり，等価画素開口 D は

$$D = 1.96/(\pi\nu) \tag{3.15}$$

である．図 3.14 では ν は 30 本/mm であるが，ある代表的なリバーサルフィルムでは $\mathrm{MTF}(\nu) = 0.5$ となる空間周波数 ν は約 50 本/mm であり，このフィルムの等価画素開口 D は 12.5 μm となる．

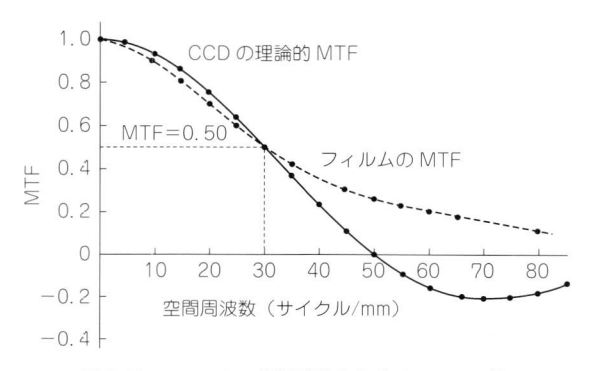

図 3.14 フィルムの等価画素サイズ（クリスの式）

この等価画素開口に関して，トーマス（L. J. Thomas）は
$$D = 1/2\nu \tag{3.16}$$
を提案している[8]．これによれば上記のフィルムの等価画素開口 D は 10 μm となる．

こうして求められた結果から，$\nu = 50$ 本/mm で MTF(ν) $= 0.5$ となるような 36 mm×24 mm サイズのフィルムの等価画素数を，上記の等価画素開口相当の画素ピッチで敷きつめた場合の画素数として計算すると，それぞれ

$$(36 \text{ mm}/0.0125 \text{ mm}) \times (24 \text{ mm}/0.0125 \text{ mm}) = 5529600$$
$$(36 \text{ mm}/0.010 \text{ mm}) \times (24 \text{ mm}/0.010 \text{ mm}) = 8640000 \tag{3.17}$$

であり，それぞれ約 553 万画素，864 万画素となる．

画素開口 D でサンプリングピッチ P が $P = D$ なら，ナイキスト周波数 ν_N は $\nu_N = 1/2P = 1/2D$ で，$D = 10$ μm の場合は $\nu_N = 50$ 本/mm である．OLPF のない場合のナイキスト周波数の白黒縞については，画素の並びとナイキスト周波数白黒縞が in phase のときは MTF $= 1$，画素の並びとナイキスト周波数白黒縞が out of phase のときは MTF $= 0$ となるので，位相整合条件によって MTF の値が変化する．フィルムでは in phase，out of phase の問題はなくなめらかな描写性をもつので，両者の等価性についてはこのような位相問題まで含めた議論が必要である．

3.9　デジタル画像の画質

ここではデジタル画像の画質について考えてみたい．フィルム写真の画質は，階調性・鮮鋭性（コントラスト・解像）・色再現性・粒状性などが問題にされる．DSC の画質については，解像は画素数で決まってくるが，階調に関係する γ の調整や，コントラストの調整，そして色の調整については比較的自由度が高い．フィルムでいうところの粒状性については，DSC のノイズがそのまま対応するとはいいがたい．デジタル画像特有のノイズは画質にとって大きな問題である．またダイナミックレンジの広いフィルムに対して，DSC のダイナミックレンジは物理的にも飽和の制約を受けている．この節ではこれらの DSC を特徴づける問題を検討し，最後に ISO 感度について解説する．

3.9.1 撮像素子のノイズ

ノイズを分類すると，光（光子，フォトン）の量子効果として現れる光ショットノイズという自然現象の物理的な本質に根ざすものと，技術的な意味で付加されるノイズとに大別される．後者としては，撮像素子から光電変換情報を読み出す際に加わるベースラインノイズ（amp noise），画素の固体のばらつきに依存する固定パターンノイズ（fixed pattern noise：FPN），長秒時露光で問題になる暗電流ノイズなどが主要なものである．この節では光ショットノイズの性質を中心に説明する．

フォトンの空間的ゆらぎを説明する図3.15(a)[9]には，約4500のフォトンを示す小円盤が描かれている（白紙撮影の場合を想定）．図3.15(c)は図3.15(b)のパターンを被写体として撮影した結果を示している．この図では大きい黒い円は確認できるが，小さい黒い円はノイズに埋もれて検出が難しい．ここで，図3.15(a)の矢印の位置にはもともと黒い円が存在しないにもかかわらず，フォトンの量子的なゆらぎで黒い穴が生じていることを示している．この黒い穴は，もしフォトンが均一に分布したら9フォトン分に相当する広がりである．すなわち，平均に分布したら9フォトンが飛来してもよい広がりの領域に，フォトンが全く飛来しないということが起こる．おおざっぱにその確率を見積もってみると，フォトン数$n=9$なのでゆらぎの標準偏差は$\sigma=3$となり，ちょうど$3\sigma=9$となる．フォトン9個の場合には正規分布から左右非対称のポアソン分布に変わりかけているので厳密には正確な式に当たる必要があるが，おおむね正規分布に近い状態をまだ保っているので簡単のため正規分布で考える．

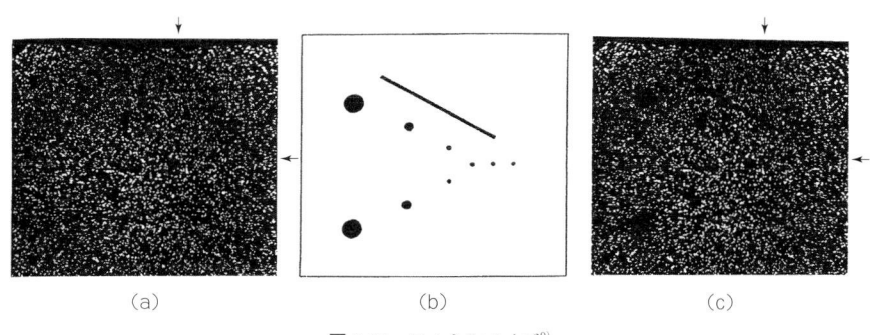

(a) (b) (c)

図3.15 フォトンノイズ[9]

3.9 デジタル画像の画質

片側 3σ の外に出る確率は 0.13% で，片側 2σ の外に出る確率は 2.3% である．本来は平均で 9 個くるべき広がりの領域に 0 個か 1 個しかこないとすれば，明らかにその領域は黒い穴に見えるが，フォトン 0 個の場合で 0.13%，1 個では 2.3% の確率で発生することになる．0.13% という値は 28×28 画素に 1 つの割合で，2.3% は 6×7 画素の領域に 1 つの割合で発生することに相当する．

このようなわけでフォトン 9 個以下の領域の情報は，その真偽のほどが上記の確率であやしいということである．

3.9.2 撮像素子のダイナミックレンジと信号の S/N

横軸に画素で発生した電荷数 n をとり，縦軸に信号の大きさとノイズの大きさをとって両対数でプロットしたのが図 3.16 である．信号の大きさは電荷数に比例するので（Signal = n），信号の大きさは 45° の傾きの線（実線）で表されている．光ショットノイズの大きさは電荷数の 1/2 乗に比例し（Noise = $\sqrt{n}$），傾きが 1/2 の直線（破線）で表される．両者の比が S/N であり，光ショットノイズによる S/N は以下のようになる．

$$\text{S/N} = \text{Signal/Noise} = n/(\sqrt{n}) = \sqrt{n} \tag{3.18}$$

実際の撮像装置ではこれにさらにベースラインノイズ n_b が加わる．ベース

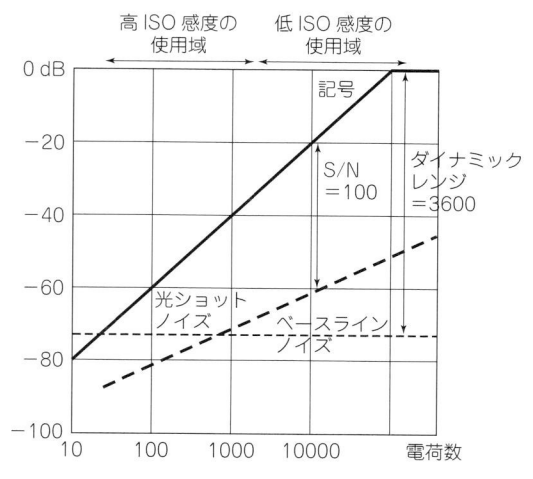

図 3.16 電荷数とダイナミックレンジと S/N

ラインノイズ n_b は読み出し回路によるもので，信号電荷数 n には依存せず，図3.16では一定レベルの横線で示される．ベースラインノイズも加味したS/Nは，

$$S/N = n/[\sqrt{\{(\sqrt{n})^2 + (n_b)^2\}}] \tag{3.19}$$

信号電荷数 n が少なくなると光ショットノイズ $\sqrt{n}$ も減少するので，ある程度以下の信号電荷数になると n_b が光ショットノイズ $\sqrt{n}$ を上回り，n_b が主要なノイズとなる．

ダイナミックレンジは最大信号と最小信号（ノイズ等価信号とする）の比と考えるので，おおむね飽和電荷量とベースラインノイズとの比で与えられる．これに対して信号のS/N比は，信号の大きさ（信号電荷数 n）に依存して変化し，式（3.19）で与えられる．

固定パターンノイズ（FPN）は画素ごとのゲインのばらつきによるもので，電荷数の非常に多いところは実質的にこのFPNでS/Nが限定される．ただしこのゲインのばらつきは画素ごとに決まっているので，原理的には補正可能である．

3.9.3 画素数・階調数と画質

画質を決定づける要素の中で，解像力の上限を規定する画素数と，階調の表現能力の上限を規定する階調数の関係について考えてみよう．フィルムの等価画素サイズについては3.8節で検討した．それによるとおおむね $10\,\mu m$ 前後であった．論文[10]によれば，1辺 $10\,\mu m$ 相当の等価画素をもつあるフィルムの階調数は58であるという．フィルムの場合，最大濃度 D_{max} と最小濃度 D_{min} とし，所定開口面積 A での濃度のバラツキの標準偏差 σ_D として，再現できる階調数 P を次式で求めることができる[10]．

$$P = \frac{D_{max} - D_{min}}{2\sigma_A}$$

フジカラースーパー HR II 100 の例では，$D_{max} - D_{min} \fallingdotseq 2$，開口 $10\,\mu m$ 角の $\sigma_D = 0.017$ として $P = 58$ と計算している．

イメージセンサーにおいて，読出しノイズとの比で与えられるダイナミックレンジは改良が進んでいる[11]．$10\,\mu m$ 角画素のイメージセンサーで低ISO感度

の場合，たとえば，飽和電子数が1万電子，読出しノイズが10電子以下となる．この場合のダイナミックレンジは 10000/10 = 1000 である．

さて，信号電荷 N に対して $y=\sqrt{N}$ となる出力を考えると，この y はほぼノイズ均等空間になっている．また，$(y-1)^2=y^2-2y+1=N-2\sqrt{N}+1$ であるから，y の値が1ちがうとちょうど $2\sigma=2\sqrt{N}$ の差となり，この空間での階調数は $(y_{\max}-y_{\min})$ となる．上記の例では階調数 = 100 − 3 = 97 となる．

DSC の画質は，画素サイズが小さくなり画素数が増大するとその解像力が増大し，逆に画素サイズが大きいほど階調性（1画素当りの S/N）の面での画質は向上する．画素数と画素当りの S/N は相反するので，画質としては画素数に関して最適なバランス点がどこかに存在することになる．

もし，技術的に増幅系で発生するノイズがなくなり，ノイズとしては光ショットノイズだけにすることができれば，画素数増大に伴うノイズ増大の問題はなくなる．アンプノイズなどの付加的ノイズがなければ，光ショットノイズだけになり，この場合4画素に分けて読み出した結果，1画素当りの S/N は低下しても，4画素分の情報を加算すれば，4画素まとめて1画素として検出した場合と同じ S/N が得られる．光ショットノイズが量子的ゆらぎで式（3.18）の特性をもつからである．

3.10　撮像素子の ISO 感度

DSC における ISO 感度は CIPA[12] によって定義がなされている．定義は2通りあり，第一は標準出力感度と呼ばれ，カメラの光感応性に基づいて規定される物理的な測定量である．第二は推奨露光指数と呼ばれ，カメラの提供者による画質官能評価に基づく露出の推奨設定指標であり，実用感度を表す指標として用いるものである．

3.10.1　デジタルカメラの標準出力感度

標準出力感度（standard output sensitivity：SOS）は撮像系の光応答感度に依存して規定される．所定の出力基準レベルのデジタル信号出力を得るために必要な露光量に対応する露光指数，すなわち当該露光量が Hm（lx・sec）のと

き，標準出力感度 S は，

$$S = 10/Hm \tag{3.20}$$

で定義される．

ここで Hm を求めるためのデジタル出力基準レベルは，デジタル系最大出力を MAX とする場合，MAX×0.461 となる値である．MAX=255 なら，出力基準レベルは 118 である．評価対象信号は，sRGB の γ 特性をもつ sRGB 輝度信号 Y であり，Y はデジタル RGB 信号から次式で与えられる．

$Y = \text{MAX} \cdot \gamma(0.2162\gamma^{-1}(R/\text{MAX}) + 0.7152\gamma^{-1}(G/\text{MAX}) + 0.0722\gamma^{-1}(B/\text{MAX}))$

像面露光量は $Hm = (0.65 \cdot B \cdot T)/(F^2)$ で与えられ，ここで B は輝度（cd/m^2），F は実効絞り値，T は露光時間（sec）である．

標準出力感度の表示方法は，「標準出力感度 $S=100$」あるいは「標準出力感度 400」である．

3.10.2　デジタルカメラの推奨露光指数

メーカー推奨の像面平均露光量に対応する露光指数，すなわち推奨する像面平均露光量が Em（lx・sec）のとき，推奨露光指数（recommended exposure index：REI）を以下により定義する．

$$\text{REI} = 10/Em \tag{3.21}$$

推奨露光指数の表示方法は，「推奨露光指数 REI=100」あるいは「推奨露光指数 400」である．

文　　献

1) B. E. Bayer：Color Imaging Array, USP 3,971,065.
2) 斉藤敏紀，菅原正幸，藤田欣裕：ハイビジョン/NTSC 出力を有する単板カラー撮像の検討，1997 年映像情報メディア学会年次大会（ITE '97：1997 ITE Annual Convention），p. 37.
3) 阪口知弘，小沢直樹：信号処理，テレビジョン学会誌，Vol. 50, No. 9, pp. 1218-1221 (1996).
4) 小林　誠，他：「Super CCD EXR」の開発，映像情報メディア学会技術報告，*ITE Technical Report*, Vol. 33, No. 18, pp. 1-4 (2009).
5) 歌川　健：特許第 4385578 号，特許第 4196677 号．
6) R. D. Merrill：USP 5,965,875，出願 1998. 4. 24.
7) M. A. Kriss：*J. Soc. Photogr. Sci. Tech. Japan*, Vol. 50, No. 5, pp. 357-378 (1987).

8) 長尾公俊：銀塩写真とデジタル写真における画素と情報容量, 日本写真学会ファインイメージングシンポジウム論文集, pp. 89-92 (1995).
9) A. Rose and P. R. Weimer : *Physics Today*, Sept., p. 24 (1989).
10) 三位信夫：カラーフィルムの画素数と諧調数, 写真工業, No. 12, pp. 88-98 (1989).
11) 寺西信一, 他：映像情報メディア学会誌, Vol. 62, No. 3, pp. 298-302 (2008).
12) カメラ映像機器工業界規格, CIPA DC-004-2004,「デジタルカメラの感度規定」, 2004年7月27日制定.

4
色の表示と色の数学

　この章では測色の基礎について説明する．色は，物理的に存在しているわけではなく，目の網膜に存在する3種の分光感度分布をもつ視細胞から伝えられた信号を，脳が解釈した結果である．われわれが見て感じる色は，そのときの視環境はもちろんのこと過去の経験からさえ影響を受けている．また照明条件が変われば短時間に順応が起こり見え方が変わる．視覚機能のこのように複雑な振る舞いを表現することばとして「色の見え（color appearance）」といういいまわしが使われる．このとらえどころのない色を，どのようにして数学によって扱えるようにしているかを説明する．後半ではよく使われる主要な色空間について解説する．

4.1　表面色と開口色

　色はそれ自体で存在しているわけではない．可視域の光を目の網膜が受光し，それによって網膜中の3種の錐体細胞に生じた電気信号が脳に送られ，その信号を脳が色として認識する．この脳による解釈には，色の見えている物体の表面の様子やその周りの様子が大きな影響を与える．それを反映して，色の見え方には「モード」があることが知られている[1]．
　この「モード」は大別して「表面色モード」と「開口色モード」に分けられる．照明を受けた物体を見ているときの物体表面の色は「表面色モード」の色であり，照明や物体表面が認識できる条件で見ている色はおおむねこれに該当する．これに対して「開口色モード」は，照明の存在や表面の存在を意識せず，純粋に光の色だけが観察できる条件において認知されるもので，分光器をのぞいた

ときに色が空間に浮いているように見えるような見え方に相当する．実験的には黒く塗りつぶした壁の小さな開口からその奥の照明された面（表面がわからないようにしておく）をのぞくとか，それに近い条件が整えられた場合に見える色である．「開口色モード」では照明の性質がわからない（脳が判断できない）ので，いわゆる白基準がないため灰色や茶色は存在しない．

　いずれにしても通常我々が目にしている色はこのように見え方が安定していない．したがって，一般的には色を数式に乗せて扱うことは難しい．しかし見る条件が規定された「開口色」は，後に述べるように心理物理量として計測が可能である．色も条件を整えれば数式に乗せて理論的な扱いが可能であることは，非常に驚くべきことのようにも思われる．

　色を見るときのポイントを以下にまとめる．

・観察条件：明るさや色の計測では，観察条件の規定が必要である．
・開口色モード：このモードには黒や茶の「色の見え（color appearance）」がない．分光器のように視野絞りの中に一様な光を見る場合は開口色モードである．自発光でなく色紙の反射光でも表面がわからないようにして適当な絞りを通して見る場合は開口色となる．
・表面色モード：色紙など物体の表面を直接見る場合の見えのモードをいう．色が表面色モードに見えるには周囲に他の色が必要で，この場合，色は相対的に決まる．
・大脳の働き：外界を認識して見えのモードを区別するのは視覚大脳系の働きである．光の単独刺激ではそれを表面と認識するのに必要な情報に欠けている．
・知覚の恒常性：刺激を相対的に見る視覚系の機能は，色だけでなく視覚特性の全体に見られる．このような働きを知覚の恒常性（constancy）と呼ぶ．
・錯視現象：脳が無意識的に周りの照明条件による見えのモードの違いを判断して，錯視現象として知られる見え方を感じさせるのだろう．興味深い錯視画像が多数作られている[2]．たとえば，注目する図形の周辺に関する認識（影部かどうか）の影響を受けて，同じ輝度の部分が同じ明るさに見えない錯視画像を付録の図 E.3（影部の明るさの見えの違い）[2] に示す．また，同じ測色値の色パッチが，影部では橙色に見え，照明が当たっていると認識される部分では茶色に見えるカラーサイコロ錯視画像を付録の図 E.2（影部の色の見えの違い

（カラーサイコロ）の白黒画像）[2]）に示す．

4.2 表色系[3～9]

このような見えのモードがあることに対応して，色を表現する表色系にもそれぞれに対応した観察条件で色を表現する方法がある．顕色系（color appearance system）は「表面色モード」における知覚色を表し，混色系（color mixing system）は「開口色モード」における色感覚を基礎におく．両者の比較を表4.1に示す．

表4.1 混色系と顕色系の比較[3]

表色系	混色系	顕色系
色の区別	心理物理色（開口色）	知覚色 知覚色は物体表面色に適用
概念	心理物理的概念	純然たる心理的概念
基礎	色感覚に基づく	色知覚に基づく
表示原理	混色による 等色関数に基づく	物体標準（色票）による 色票との比較で行われる
代表例	CIE表色系	マンセル表色系
表示対象	光の色を表示する	物体の色彩を表示する
表示量記号	三刺激値（tri-stimulus value） X, Y, Z 色度 (x, y) など	明度（lightness）と色相と彩度．マンセル表色系では色相（hue），明度（value），彩度（chroma）で，記号は H, V, C．3属性を「$H\ V/C$」で表記．

混色系の基礎とする「色感覚」は計測可能な心理物理量で，等色関数を土台にした数式表現が可能である．これに対して顕色系の基礎とする「色知覚」は純然たる心理的概念であり，物としての標準「色票」を作成し，この色票との比較において表示される．顕色系の代表例としてはマンセル表色系があり，混色系の代表例としてはCIE表色系がある．

4.3 マンセル色立体[3～9]

マンセル色立体（図4.1）は，画家のマンセル（Munsell）が経験に基づい

4.3 マンセル色立体　　　　　　　　　　　　　　　　　　　　69

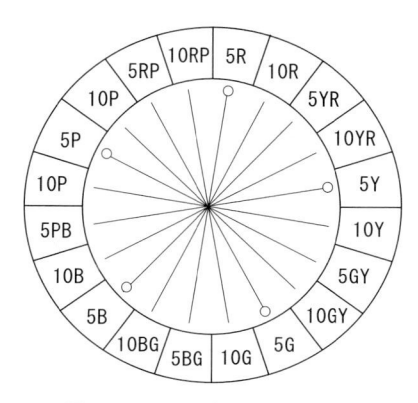

図 4.1 マンセル色立体の色相表現

て考案したものである．1905 年に "A Color Notation（色彩の表記）" として出版され，1915 年には "Atlas of the Munsell Colors" として発刊された．現在のマンセル表色系の基礎となっている修正マンセル色立体は，1943 年に米国光学会（OSA）が分光測色結果の色度図上のでこぼこを修正したもので，改訂を重ねた "Munsell Book of Colors" は現在でも出版されている．日本でも 1958 年には JIS に採用され，総数 2163 色の「JIS 標準色票」が（財）日本規格協会から発行されている．

　心理的な色である「表面知覚色」の属性を「色の三属性」である色相，明度，彩度で表す．

　1) 色相（hue，記号 H）は図 4.1 に示すように，基本は赤 R，黄 Y，緑 G，青 B，紫 P の 5 色であるが，その中間に黄赤 YR，黄緑 GY，青緑 BG，紫青 PB，赤紫 RP の 5 色を加えて，基本色相を 10 色相とする．360 度を 10 色相に分け，さらに 10 分割して 100 色相とする．

　2) 明度（value，記号 V）は白色表面を基準とした色の明るさ，すなわち明度（lightness）という属性を表す．黒を $V=0$，白を $V=10$ とする．

　3) 彩度（chroma，記号 C）は，色の鮮やかさの属性を表し，無彩色を 0 として彩度が高くなると数字が大きくなる．最大値は色相によって異なり，すべての色相での最大値は 5R での 14，最小値は 5BG での 10 である．

　4) 表記法は $(H\ V/C)$ で，たとえば（5R 4/14）は色相 5R，明度 4，彩度

14 を示す．
  5) マンセル色票の観測条件は以下のとおりである．
  ① 昼光に順応した目で
  ② $V=5\sim7$ の無彩色面を周辺視野として
  ③ 無彩色面上に色票をおき
  ④ 標準光源で 45°方向から照らし，垂直方向から見る．

4.4　明るさと色に関する用語[3〜9]

　明暗に関する心理量として，明度（lightness）と明るさ（brightness）がある．明度は表面反射の知覚量を表し，したがって，白色表面を基準に定義される．明るさは照明光の強度の影響も含む刺激そのものの強度を表す．明るさは単純な明暗の知覚属性の意味で使われる．色の鮮やかさについては，カラフルネス（colorfulness）は強度も含む直感的な色の鮮やかさで，彩度（chroma）は白に基準をおいた表現である．飽和度（saturation）は色の刺激純度に対する感覚量の表現であり，彩度と明度の比として定義された量である．色相にはモードによる区別はない．色に関する用語を以下にまとめておく．

【表色】
photometry（測光），colorimetry（測色），colorimetric values（測色値），
color appearance（色の見え），color system（表色系），
color appearance system（顕色系），color mixing system（混色系），
surface color（表面色），object color（物体色），aperture color（開口色），
color perception（色知覚）：表面の質感や周囲の環境など知覚要素を含む色．
perceived color（知覚色）：顕色系の主観的な見え．
color sensation（色感覚）：知覚色から物体特有の知覚要素を除いた単純な色．
psychophysical color（心理物理色）：測色値で表せる色刺激．

【絶対量・強度】
brightness（明るさ）：照明光の強度を含む単純な明暗強度の知覚属性．
colorfulness（カラフルネス）：色の鮮やかさ，強度を含む直感的な色味の強さ．
luminance（輝度），chrominance（luminance 以外の色成分）

illuminance（照度）．
【相対量】
hue（色相，H）
value（マンセル明度，V）：白基準との比．
lightness（明度，L）：白基準との比．
chroma（彩度・クロマ・マンセルクロマ，C）
【純度】
saturation（飽和度）＝chroma/lightness＝colorfulness/brightness
【測色・等色系】
color matching（等色），color mixing（光の混色），illuminant（測色用の色），primaries（原色），color stimulus（色刺激），tristimulus values（三刺激値），chromaticity coordinate（色度座標）．
【画質】
gloss（光沢），gradation（階調），veiling glare（ベイリンググレア）：迷光，フレア．

4.5　等色実験と等色関数[7,8,10,11]

　混色系の基礎をなす「色感覚」は心理物理量であり，これによって色の数学的扱いが可能になる．開口色を使って行われる等色実験から得られる等色関数が，色に関する数学的記述のいわば基底関数になっている．

4.5.1　グラスマンの法則
　色光の計量化は「任意の色は3種類の色光の混色で再現できる」というヤング・ヘルムホルツの3原色説を実験で法則化したグラスマンの「混色の法則」（グラスマンの法則，1853年）に基づくものであり，「混色の法則」は以下のとおりである．
　第1法則（視覚の3色性）：色は3つの変数で規定される．
　第2法則：混合2色の一方を連続的に動かすと，混合色の印象も連続的に変化する．

第 3 法則（等色の加法性）：4 色 [**A1**], [**A2**], [**B1**], [**B2**] について，

[**A1**] = [**A2**], [**B1**] = [**B2**] なら [**A1**] + [**B1**] = [**A2**] + [**B2**]

第 4 法則（明るさの加法性）：混合光の強度は，混合したそれぞれの光の強度の和に等しい．

4.5.2　等色実験

このような視覚の 3 色性に基づく等色実験は図 4.2 のようにして行われる．被験者はついたての開口部から奥の色光を観察する．視野の上半分には独立な 3 つの色光を混合した色光が見えており，視野の下左半分には任意の色光 [**Q**] が与えられている．この 3 つの色光 [**R**], [**G**], [**B**] を原刺激（primary stimuli）という．この 3 つの原刺激をそれぞれ R_Q, G_Q, B_Q の重みで混合して，上下の色光が同一の色光に見えるようになったとき，等色（color matching）が成立したという．

等色の状態を次のように数式で表す．

$$[\mathbf{Q}] = R_Q[\mathbf{R}] + G_Q[\mathbf{G}] + B_Q[\mathbf{B}] \tag{4.1}$$

これは視覚の 3 色性「任意の色は 3 種類の色の混色で等色できる」を数式化したものである．重み係数 R_Q, G_Q, B_Q を三刺激値（tristimulus values）と呼ぶ．

議論を扱いやすくするために，色光をベクトル化して扱うことにする．可視の波長域を $\lambda = 380 \sim 780$ nm とし，この領域の色光を 10 nm ごとに 41 個サンプリングし，各波長ごとのエネルギー強度を値にもつ 41 次元ベクトルとして

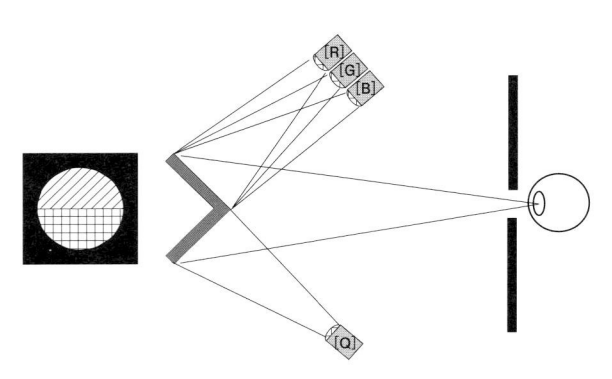

図 4.2　等色実験

4.5 等色実験と等色関数

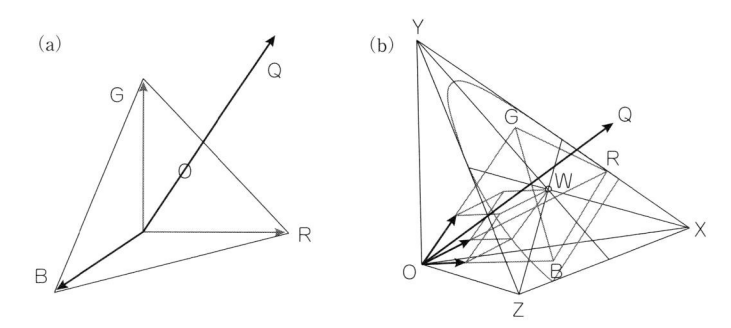

図 4.3 色光のベクトル表示：(a) RGB 直交座標系，(b) XYZ 直交座標系

色光を表す（後に別の基準で大きさを規格化する）．これによって原刺激の色光 [**R**]，[**G**]，[**B**] も任意の色光 [**Q**] も 41 次元空間のベクトルで表される．3 つの色光 [**R**]，[**G**]，[**B**] は 3 つのそれぞれ独立したベクトルであり，任意の色光 [**Q**] は，これらをスカラー量の重み係数 R_Q, G_Q, B_Q で線形結合したベクトルとして表される（図 4.3）．

4.5.3 等色関数

原刺激として 3 つの独立な色光 [**R**]，[**G**]，[**B**] を考え，基礎刺激としての白色刺激 [**W**] を考える．白色刺激としては，通常は等エネルギー白色を用いる．これら 3 つのベクトル [**R**]，[**G**]，[**B**] の方向が決まり，さらにこれらの

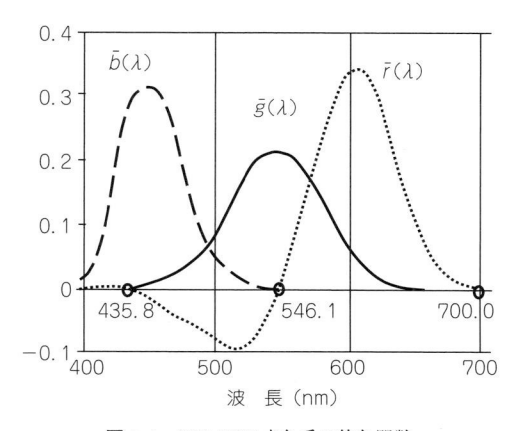

図 4.4 CIE RGB 表色系の等色関数

合成が等エネルギー白色［**W**］と等しくなるようにすることで，これらの単位ベクトルの大きさが決まる．

3つの色光を混色して作った白色において，3つの原刺激の色の強さが等しくなる．すなわち，白色の三刺激値が $R_w = G_w = B_w$ となるようにする．色光［**Q**］に対する原刺激の輝度値 L_R, L_G, L_B を，白色に対する原刺激の輝度値である明度係数 l_R, l_G, l_B で規格化して，色光［**Q**］の三刺激値は，$R_Q = L_R/l_R$, $G_Q = L_G/l_G$, $B_Q = L_B/l_B$ となる．色光［**Q**］に等エネルギー単色光を用いて可視域の各波長 λ で等色実験を行い，波長 λ の関数として三刺激値を求めたものが等色関数である．

たとえば，R（700 nm），G（546.1 nm），B（435.8 nm）の単色光を3つの原刺激に選べば，等色関数は図4.4の $\bar{r}(\lambda), \bar{g}(\lambda), \bar{b}(\lambda)$ となる．一部の波長範囲で $\bar{r}(\lambda)$ は負の値となっているが，これは等色実験で R の光を比較視野の反対側に移動して等色できることを意味している．

4.6　色　の　数　学

4.6.1　三刺激値の算出

原刺激として3つの独立な色光［**R**］，［**G**］，［**B**］を決めた場合，任意の色光［**Q**］は前出のように次式で表される．

$$[\mathbf{Q}] = R_Q[\mathbf{R}] + G_Q[\mathbf{G}] + B_Q[\mathbf{B}] \tag{4.1}$$

この係数の三刺激値（tristimulus values）R_Q, G_Q, B_Q の算出方法を以下で説明する．

（1）波長 λ の等エネルギー単色光［$\mathbf{Q}_\lambda$］を原刺激［**R**］，［**G**］，［**B**］で表すことを考える．等色関数の定義より，その等色関数 $\bar{r}(\lambda), \bar{g}(\lambda), \bar{b}(\lambda)$ とを用いて下式のように表されることになる．

$$[\mathbf{Q}_\lambda] = \bar{r}(\lambda)[\mathbf{R}] + \bar{g}(\lambda)[\mathbf{G}] + \bar{b}(\lambda)[\mathbf{B}] \tag{4.2}$$

（2）任意光［**Q**］を単色光［$\mathbf{Q}_\lambda$］で表すことを考える．任意光［**Q**］は，そのスペクトル各波長の等エネルギー単色光に対する，任意光の放射エネルギーの重みを $Q(\lambda_1), \cdots, Q(\lambda_N)$ と表すことによって，

$$[\mathbf{Q}] = Q(\lambda_1)[\mathbf{Q}_{\lambda_1}] + \cdots + Q(\lambda_N)[\mathbf{Q}_{\lambda_N}] = \sum Q(\lambda)[\mathbf{Q}_\lambda]$$

これに式 (4.2) を代入して,
$$[\mathbf{Q}] = \{\sum Q(\lambda)\bar{r}(\lambda)\}[\mathbf{R}] + \{\sum Q(\lambda)\bar{g}(\lambda)\}[\mathbf{G}] + \{\sum Q(\lambda)\bar{b}(\lambda)\}[\mathbf{B}] \qquad (4.3)$$
ここで $\sum$ は $\lambda = \lambda_1, \cdots, \lambda_N$ に関する加算である.

(3) ベクトル表現として
$$\begin{aligned}(Q(\lambda_1), \cdots, Q(\lambda_N)) &= \boldsymbol{Q} \\ (\bar{r}(\lambda_1), \cdots, \bar{r}(\lambda_N)) &= \boldsymbol{r} \\ (\bar{g}(\lambda_1), \cdots, \bar{g}(\lambda_N)) &= \boldsymbol{g} \\ (\bar{b}(\lambda_1), \cdots, \bar{b}(\lambda_N)) &= \boldsymbol{b}\end{aligned} \qquad (4.4)$$
を用いれば, ベクトルの内積を $\boldsymbol{Q}\cdot\boldsymbol{r}$ で表すとして, 任意光 [**Q**] の三刺激値 R_Q, G_Q, B_Q は, 式 (4.1) と式 (4.3) から,
$$R_Q = \boldsymbol{Q}\cdot\boldsymbol{r}, \quad G_Q = \boldsymbol{Q}\cdot\boldsymbol{g}, \quad B_Q = \boldsymbol{Q}\cdot\boldsymbol{b} \qquad (4.5)$$
$$[\mathbf{Q}] = (\boldsymbol{Q}\cdot\boldsymbol{r})[\mathbf{R}] + (\boldsymbol{Q}\cdot\boldsymbol{g})[\mathbf{G}] + (\boldsymbol{Q}\cdot\boldsymbol{b})[\mathbf{B}] \qquad (4.6)$$
となる. すなわち「三刺激値は, 任意光の分光放射分布を示すベクトルと, 等色関数を表すベクトルの内積で求められる」.

ベクトル形式ではなく, スペクトルの連続関数を積分する形式で計算する場合には, 任意光の分光放射分布 $Q(\lambda)$ と等色関数 $\bar{r}(\lambda), \bar{g}(\lambda), \bar{b}(\lambda)$ をもつ光の三刺激値 R_Q, G_Q, B_Q は,
$$R_Q = \int_{380}^{780} Q(\lambda)\bar{r}(\lambda)\mathrm{d}\lambda, \quad G_Q = \int_{380}^{780} Q(\lambda)\bar{g}(\lambda)\mathrm{d}\lambda, \quad B_Q = \int_{380}^{780} Q(\lambda)\bar{b}(\lambda)\mathrm{d}\lambda \qquad (4.7)$$
となる.

4.6.2 色空間変換

変換前の色空間を張る3ベクトルである原刺激 [**X**], [**Y**], [**Z**] を用いて, 変換後の色空間を張る3ベクトルである原刺激 [**R**], [**G**], [**B**] の座標値をそれぞれ (R_X, R_Y, R_Z), (G_X, G_Y, G_Z), (B_X, B_Y, B_Z) で表すと
$$\begin{aligned}[\mathbf{R}] &= R_X[\mathbf{X}] + R_Y[\mathbf{Y}] + R_Z[\mathbf{Z}] \\ [\mathbf{G}] &= G_X[\mathbf{X}] + G_Y[\mathbf{Y}] + G_Z[\mathbf{Z}] \\ [\mathbf{B}] &= B_X[\mathbf{X}] + B_Y[\mathbf{Y}] + B_Z[\mathbf{Z}]\end{aligned} \qquad (4.8)$$
となる. これをマトリクス表記すると係数のマトリクスを

$$[C] = \begin{bmatrix} R_\mathrm{X} & R_\mathrm{Y} & R_\mathrm{Z} \\ G_\mathrm{X} & G_\mathrm{Y} & G_\mathrm{Z} \\ B_\mathrm{X} & B_\mathrm{Y} & B_\mathrm{Z} \end{bmatrix} \tag{4.9}$$

として,

$$\begin{bmatrix} [\mathbf{R}] \\ [\mathbf{G}] \\ [\mathbf{B}] \end{bmatrix} = [C] \begin{bmatrix} [\mathbf{X}] \\ [\mathbf{Y}] \\ [\mathbf{Z}] \end{bmatrix} \tag{4.10}$$

と書ける．2つの色空間（color space）を張る原刺激である $[\mathbf{R}], [\mathbf{G}], [\mathbf{B}]$ と $[\mathbf{X}], [\mathbf{Y}], [\mathbf{Z}]$ の間の変換マトリクスが式（4.9）である．

4.6.3　色空間変換にともなう三刺激値の変換

色光 $[\mathbf{Q}]$ の，原刺激 $[\mathbf{R}], [\mathbf{G}], [\mathbf{B}]$ における三刺激値を R, G, B とし，原刺激 $[\mathbf{X}], [\mathbf{Y}], [\mathbf{Z}]$ での三刺激値を X, Y, Z として，色光 $[\mathbf{Q}]$ は

$$[\mathbf{Q}] = R[\mathbf{R}] + G[\mathbf{G}] + B[\mathbf{B}] = X[\mathbf{X}] + Y[\mathbf{Y}] + Z[\mathbf{Z}]$$

で表され，すなわち

$$[R, G, B] \begin{bmatrix} [\mathbf{R}] \\ [\mathbf{G}] \\ [\mathbf{B}] \end{bmatrix} = [X, Y, Z] \begin{bmatrix} [\mathbf{X}] \\ [\mathbf{Y}] \\ [\mathbf{Z}] \end{bmatrix} \tag{4.11}$$

三刺激値間の変換関係は式（4.10）と式（4.11）とから

$$[R, G, B][C] = [X, Y, Z] \tag{4.12}$$

$$\begin{bmatrix} R \\ G \\ B \end{bmatrix} = {}^t[C]^{-1} \begin{bmatrix} X \\ Y \\ Z \end{bmatrix} \tag{4.13}$$

三刺激値間の変換関係は式（4.13）で与えられることがわかる．

4.6.4　色空間変換にともなう等色関数の変換

色空間変換で等色関数がどのように変わるかを知るために，式（4.6）と式（4.13）から

$$\begin{bmatrix} \boldsymbol{Q}\cdot\boldsymbol{r} \\ \boldsymbol{Q}\cdot\boldsymbol{g} \\ \boldsymbol{Q}\cdot\boldsymbol{b} \end{bmatrix} = {}^{t}[C]^{-1} \begin{bmatrix} \boldsymbol{Q}\cdot\boldsymbol{x} \\ \boldsymbol{Q}\cdot\boldsymbol{y} \\ \boldsymbol{Q}\cdot\boldsymbol{z} \end{bmatrix} \qquad (4.14)$$

これを書き直して

$$\begin{bmatrix} \boldsymbol{r} \\ \boldsymbol{g} \\ \boldsymbol{b} \end{bmatrix} \cdot \boldsymbol{Q} = {}^{t}[C]^{-1} \begin{bmatrix} \boldsymbol{x} \\ \boldsymbol{y} \\ \boldsymbol{z} \end{bmatrix} \cdot \boldsymbol{Q} \qquad (4.15)$$

この関係は任意の $\boldsymbol{Q}$ について成り立たないといけないので，色空間変換にともなう等色関数の変換関係は下式のようになる．

$$\begin{bmatrix} \boldsymbol{r} \\ \boldsymbol{g} \\ \boldsymbol{b} \end{bmatrix} = {}^{t}[C]^{-1} \begin{bmatrix} \boldsymbol{x} \\ \boldsymbol{y} \\ \boldsymbol{z} \end{bmatrix} \qquad (4.16)$$

4.6.5 白色点によるマトリクスの規格化

これまでの結果をまとめて書くと，基底となる色ベクトル $[\mathbf{X}]$，$[\mathbf{Y}]$，$[\mathbf{Z}]$ が張る 3 次元空間と，基底の色ベクトル $[\mathbf{R}]$，$[\mathbf{G}]$，$[\mathbf{B}]$ が張る 3 次元空間との変換関係が，

$$[C] = \begin{bmatrix} R_\mathrm{X} & R_\mathrm{Y} & R_\mathrm{Z} \\ G_\mathrm{X} & G_\mathrm{Y} & G_\mathrm{Z} \\ B_\mathrm{X} & B_\mathrm{Y} & B_\mathrm{Z} \end{bmatrix} \qquad (4.9)$$

$$\begin{bmatrix} [\mathbf{R}] \\ [\mathbf{G}] \\ [\mathbf{B}] \end{bmatrix} = [C] \begin{bmatrix} [\mathbf{X}] \\ [\mathbf{Y}] \\ [\mathbf{Z}] \end{bmatrix} \qquad (4.10)$$

で定義されるとき，色光 $[Q]$ の三刺激値の変換関係は，

$$\begin{bmatrix} R \\ G \\ B \end{bmatrix} = {}^{t}[C]^{-1} \begin{bmatrix} X \\ Y \\ Z \end{bmatrix} \qquad (4.13)$$

逆変換は，

$$\begin{bmatrix} X \\ Y \\ Z \end{bmatrix} = {}^t[C] \begin{bmatrix} R \\ G \\ B \end{bmatrix} \tag{4.17}$$

である.

ここで色空間変換後の白色点を規格化することを考える. 変換前の XYZ 色空間における白色点を (w_X, w_Y, w_Z) として, この w_Y で規格化した白色点 $X = w_X/w_Y$, $Y = 1$, $Z = w_Z/w_Y$ が, 変換後の RGB 色空間では $R = 1$, $G = 1$, $B = 1$ になるように変換することを条件にする変換マトリクスの形を求めてみる.

そのための規格化の定数を α, β, γ として式 (4.13) に代入し,

$$\begin{bmatrix} \alpha \\ \beta \\ \gamma \end{bmatrix} = {}^t[C]^{-1} \begin{bmatrix} w_X/w_Y \\ 1 \\ w_Z/w_Y \end{bmatrix} \tag{4.18}$$

が成り立たば, 上記白色点で $R=1$, $G=1$, $B=1$ になるような三刺激値 R, G, B への変換式は,

$$\begin{bmatrix} \alpha R \\ \beta G \\ \gamma B \end{bmatrix} = {}^t[C]^{-1} \begin{bmatrix} X \\ Y \\ Z \end{bmatrix}$$

または,

$$\begin{bmatrix} X \\ Y \\ Z \end{bmatrix} = {}^t[C] \begin{bmatrix} \alpha R \\ \beta G \\ \gamma B \end{bmatrix} \tag{4.19}$$

したがって, この規格化された三刺激値 R, G, B について,

$$\begin{bmatrix} X \\ Y \\ Z \end{bmatrix} = \begin{bmatrix} R_X & G_X & B_X \\ R_Y & G_Y & B_Y \\ R_Z & G_Z & B_Z \end{bmatrix} \begin{bmatrix} \alpha R \\ \beta G \\ \gamma B \end{bmatrix} = \begin{bmatrix} \alpha R_X & \beta G_X & \gamma B_X \\ \alpha R_Y & \beta G_Y & \gamma B_Y \\ \alpha R_Z & \beta G_Z & \gamma B_Z \end{bmatrix} \begin{bmatrix} R \\ G \\ B \end{bmatrix} \tag{4.20}$$

これを書き直して

$$\begin{bmatrix} X \\ Y \\ Z \end{bmatrix} = [D] \begin{bmatrix} R \\ G \\ B \end{bmatrix} \tag{4.21}$$

$$\begin{bmatrix} R \\ G \\ B \end{bmatrix} = [D]^{-1} \begin{bmatrix} X \\ Y \\ Z \end{bmatrix} \qquad (4.22)$$

三刺激値の変換関係と等色関数の変換関係は同じなので,

$$\begin{bmatrix} r(\lambda) \\ g(\lambda) \\ b(\lambda) \end{bmatrix} = [D]^{-1} \begin{bmatrix} \bar{x}(\lambda) \\ \bar{y}(\lambda) \\ \bar{z}(\lambda) \end{bmatrix} \qquad (4.23)$$

となる.ここで

$$[D] = \begin{bmatrix} \alpha R_X & \beta G_X & \gamma B_X \\ \alpha R_Y & \beta G_Y & \gamma B_Y \\ \alpha R_Z & \beta G_Z & \gamma B_Z \end{bmatrix} \qquad (4.24)$$

である.

以上のことを,sRGB 空間への白色点を考慮した変換にあてはめて具体的な数値を入れてみると,表 4.2 のようになる.

表 4.2 sRGB 空間での白色点を $R=G=B$ とするような XYZ から RGB への変換マトリクス

XYZ-RGB 変換の一般式	sRGB への変換式
$[C] = \begin{bmatrix} R_X & R_Y & R_Z \\ G_X & G_Y & G_Z \\ B_X & B_Y & B_Z \end{bmatrix}$ R 座標 (R_X, R_Y) G 座標 (G_X, G_Y) B 座標 (B_X, B_Y)	$[C] = \begin{bmatrix} 0.64 & 0.33 & 0.03 \\ 0.30 & 0.60 & 0.10 \\ 0.15 & 0.06 & 0.79 \end{bmatrix}$
白色点 (w_X, w_Y, w_Z) 規格化して $(w_X/w_Y, 1, w_Z/w_Y)$	D65 白色点 $(0.3127, 0.329, 0.3583)$ 規格化して $(0.95, 1, 1.089)$
$\begin{bmatrix} \alpha \\ \beta \\ \gamma \end{bmatrix} = {}^t[C]^{-1} \begin{bmatrix} w_X/w_Y \\ 1 \\ w_Z/w_Y \end{bmatrix}$	$\begin{bmatrix} 0.644 \\ 1.192 \\ 1.203 \end{bmatrix} = \begin{bmatrix} 2.088 & -0.991 & -0.321 \\ -1.155 & 2.236 & 0.05 \\ 0.067 & -0.254 & 1.272 \end{bmatrix} \begin{bmatrix} 0.95 \\ 1 \\ 1.089 \end{bmatrix}$
$[D] = \begin{bmatrix} \alpha R_X & \beta G_X & \gamma B_X \\ \alpha R_Y & \beta G_Y & \gamma B_Y \\ \alpha R_Z & \beta G_Z & \gamma B_Z \end{bmatrix}$	$[D] = \begin{bmatrix} 0.412 & 0.358 & 0.18 \\ 0.213 & 0.715 & 0.072 \\ 0.019 & 0.119 & 0.951 \end{bmatrix}$
$\begin{bmatrix} R \\ G \\ B \end{bmatrix} = [D]^{-1} \begin{bmatrix} X \\ Y \\ Z \end{bmatrix}$	$[D]^{-1} = \begin{bmatrix} 3.241 & -1.537 & -0.499 \\ -0.969 & 1.876 & 0.042 \\ 0.056 & -0.204 & 1.057 \end{bmatrix}$
$\begin{bmatrix} \bar{r}(\lambda) \\ \bar{g}(\lambda) \\ \bar{b}(\lambda) \end{bmatrix} = [D]^{-1} \begin{bmatrix} \bar{x}(\lambda) \\ \bar{y}(\lambda) \\ \bar{z}(\lambda) \end{bmatrix}$	(同上)

4.7 CIE RGB 表色系

CIE RGB 表色系は，3つの原刺激として，R (700 nm)，G (546.1 nm)，B (435.8 nm)の3色光を用いた2度視野の混色実験に基づいて作成されたものである．この原刺激に対する等色関数が前出の図 4.4 の $\bar{r}(\lambda), \bar{g}(\lambda), \bar{b}(\lambda)$ である．

ところで，物理的強度である放射強度 $L_o(\lambda)$ [Wm^{-2}sr^{-1}] と，心理物理量としての輝度 L (luminance) の関係は，CIE 標準分光視感効率 $V(\lambda)$ を用いて，

$$L = Km \cdot \int L_o(\lambda) V(\lambda) d\lambda \tag{4.25}$$

で定義される．ここで，Km は最大視感度で 683 [lm/W] なる定数である．上記3つの原刺激である単色光を用いて，等エネルギー白色と等色した場合の原刺激の輝度値 L_R, L_G, L_B を明度係数と呼ぶ．明度係数は輝度に関する効率であり，その輝度の比は，

$$L_R : L_G : L_B = 1 : 4.5907 : 0.0601 \tag{4.26}$$

である．

ある色光の CIE RGB 表色系の三刺激値を R, G, B とすれば，その輝度 L は明度係数を用いて，

$$L = R + 4.5907G + 0.0601B \tag{4.27}$$

で与えられ，目の分光視感効率 $V(\lambda)$ は等色関数を用いて，

$$V(\lambda) = \bar{r}(\lambda) + 4.5907\bar{g}(\lambda) + 0.0601\bar{b}(\lambda) \tag{4.28}$$

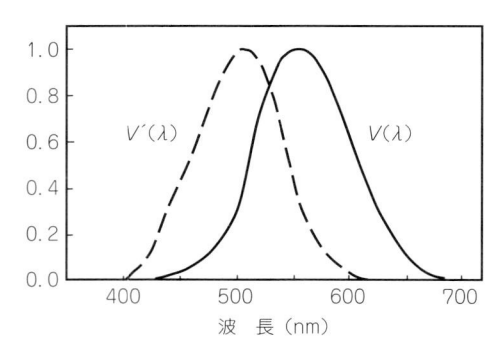

図 4.5 標準分光視感効率

4.7 CIE RGB 表色系

で与えられる.

目には錐体による明所視 $V(\lambda)$ と,桿体による暗所視 $V'(\lambda)$ とがあり,それぞれ図 4.5 に示すような分光特性を示す.

等色関数を求めるのに等エネルギー単色光を用いるため,単色光エネルギー計測が必要となるが,エネルギー計測に代えてこの $V(\lambda)$ を用いる方法もある.等色実験では各波長での三刺激値の比だけを $r(\lambda) + g(\lambda) + b(\lambda) = 1$ となるように求め,$m(\lambda) = \bar{r}(\lambda) + \bar{g}(\lambda) + \bar{b}(\lambda)$ とおいて,$\bar{r}(\lambda) = m(\lambda)r(\lambda)$,$\bar{g}(\lambda) = m(\lambda)g(\lambda)$,$\bar{b}(\lambda) = b(\lambda)m(\lambda)$ とし,$V(\lambda) = \bar{r}(\lambda) + 4.5907\bar{g}(\lambda) + 0.0601\bar{b}(\lambda)$ の関係を使って $V(\lambda) = m(\lambda)\{r(\lambda) + 4.5907g(\lambda) + 0.0601b(\lambda)\}$ となる.これから $\bar{r}(\lambda) = m(\lambda)r(\lambda) = V(\lambda)r(\lambda)/\{r(\lambda) + 4.5907g(\lambda) + 0.0601b(\lambda)\}$ となる.$\bar{g}(\lambda)$,$\bar{b}(\lambda)$ も同様にして求まる[13].

CIE RGB 表色系では,原刺激 R (700 nm),G (546.1 nm),B (435.8 nm) で,その等色関数は $\bar{r}(\lambda)$,$\bar{g}(\lambda)$,$\bar{b}(\lambda)$ であるから,分光分布 $Q(\lambda)$ の色光の三刺激値は以下のようになる.

$$R_Q = \sum_{\lambda=380}^{780} Q(\lambda)\bar{r}(\lambda), \quad G_Q = \sum_{\lambda=380}^{780} Q(\lambda)\bar{g}(\lambda), \quad B_Q = \sum_{\lambda=380}^{780} Q(\lambda)\bar{b}(\lambda) \tag{4.29}$$

等エネルギー白色で

$$R_E = G_E = B_E, \quad \sum_{\lambda=380}^{780} \bar{r}(\lambda) = \sum_{\lambda=380}^{780} \bar{g}(\lambda) = \sum_{\lambda=380}^{780} \bar{b}(\lambda)$$

である.

三刺激値 R, G, B は独立量が 3 つなので,3 次元表示が必要となる.そこで $(R + G + B)$ で規格化した色度座標を

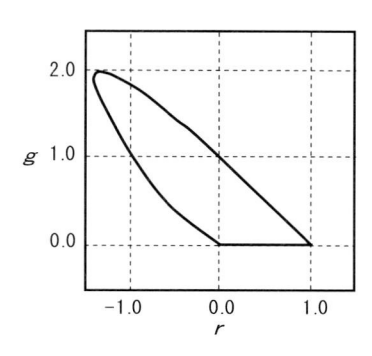

図 4.6 rg 色度図

$$r = R/(R+G+B), \quad g = G/(R+G+B), \quad b = B/(R+G+B) \tag{4.30}$$

で求める．こうすれば $r+g+b=1$ の関係があるので，2 変数で色を扱うことができる．r と g を 2 軸に取って表したのが rg 色度図で，図 4.6 のようになる．

4.8 CIE XYZ 表色系

CIE RGB 表色系は等色関数に負の値があり煩雑である．また輝度は $L=R+4.5907G+0.0601B$ により算出する必要があった．これらの扱いにくさを改善するために導入されたのが CIE XYZ 表色系である．三刺激値に負の値が生じないようにするために，図 4.6 の rg 色度図における実在色の範囲を内包する三角形を考え，それらの頂点を新しい原刺激とする表色系を用意する．新しい 3 つの頂点は実在色の範囲の外側になるので，実在しない虚色を原刺激として採用することになる．

この新しい CIE XYZ 表色系の原刺激を [**X**], [**Y**], [**Z**] とするとき，原刺激 [**Y**] で輝度を表し，原刺激 [**X**], [**Z**] は輝度成分をもたないように選んだので，ベクトル [**X**], [**Z**] の張る平面上の点は輝度をもたない無輝面となっている．

等エネルギー白色で等色すると三刺激値が等しくなる条件，すなわち等エネルギー白色で CIE RGB 表色系の三刺激値が $R=G=B$，CIE XYZ 表色系の三刺激値が $X=Y=Z$ となるようにした場合の三刺激値間の変換式は，

$$\begin{bmatrix} X \\ Y \\ Z \end{bmatrix} = \begin{bmatrix} 2.7689 & 1.7518 & 1.1302 \\ 1.0000 & 4.5907 & 0.0601 \\ 0 & 0.0565 & 5.5943 \end{bmatrix} = \begin{bmatrix} R \\ G \\ B \end{bmatrix} \tag{4.31}$$

である．すでに述べたように三刺激値間の変換関係と等色関数間の変換関係は同じなので，CIE XYZ 表色系の等色関数 $\bar{x}(\lambda), \bar{y}(\lambda), \bar{z}(\lambda)$ は，

$$\begin{bmatrix} \bar{x}(\lambda) \\ \bar{y}(\lambda) \\ \bar{z}(\lambda) \end{bmatrix} = \begin{bmatrix} 2.7689 & 1.7518 & 1.1302 \\ 1.0000 & 4.5907 & 0.0601 \\ 0 & 0.0565 & 5.5943 \end{bmatrix} = \begin{bmatrix} \bar{r}(\lambda) \\ \bar{g}(\lambda) \\ \bar{b}(\lambda) \end{bmatrix} \tag{4.32}$$

であり，等色関数 $\bar{x}(\lambda), \bar{y}(\lambda), \bar{z}(\lambda)$ の形は図 4.7 となる．

図 4.7 に示すように，この等色関数は負の値をもたず，式（4.32）の $\bar{y}(\lambda)$

4.8 CIE XYZ 表色系

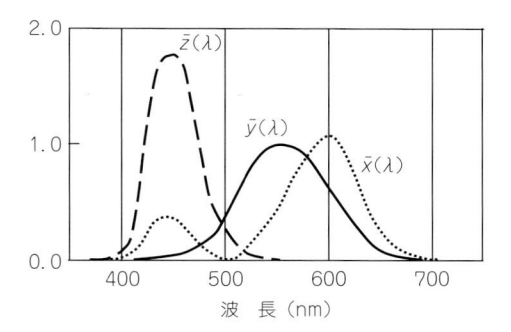

図 4.7 等色関数 $\bar{x}(\lambda), \bar{y}(\lambda), \bar{z}(\lambda)$

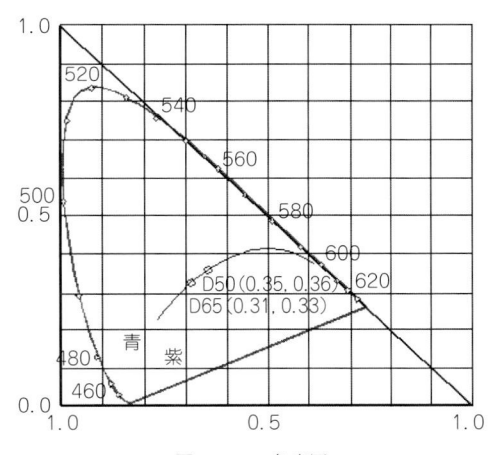

図 4.8 xy 色度図

の合成からわかるように，
$$\bar{y}(\lambda) = \bar{r}(\lambda) + 4.5907\bar{g}(\lambda) + 0.0601\bar{b}(\lambda) = V(\lambda)$$
であり，$\bar{y}(\lambda)$ は輝度を表す．

CIE XYZ 表色系の色度座標 x, y, z は，
$$x = X/(X+Y+Z), \quad y = Y/(X+Y+Z), \quad z = Z/(X+Y+Z) \tag{4.33}$$
である．$x+y+z=1$ であり，x と y の 2 軸で表す xy 色度図は図 4.8 となる．

CIE XYZ 表色系の等色関数は様々な計算の基本に使うので表 4.3 に示す．

これまで説明した CIE XYZ 表色系は，1931 年に CIE が CIE RGB 表色系とともに導入したもので CIE 1931XYZ 表色系とも表記し，この等色関数は錐

表 4.3 等色関数 $\bar{x}(\lambda)$, $\bar{y}(\lambda)$, $\bar{z}(\lambda)$ 値[14]

λ (nm)	$\bar{x}(\lambda)$	$\bar{y}(\lambda)$	$\bar{z}(\lambda)$
380	0.0014	0.0000	0.0065
390	0.0042	0.0001	0.0201
400	0.0143	0.0004	0.0679
410	0.0435	0.0012	0.2074
420	0.1344	0.0040	0.6456
430	0.2839	0.0116	1.3856
440	0.3483	0.0230	1.7471
450	0.3362	0.0380	1.7721
460	0.2908	0.0600	1.6692
470	0.1954	0.0910	1.2876
480	0.0956	0.1390	0.8130
490	0.0320	0.2080	0.4652
500	0.0049	0.3230	0.2720
510	0.0093	0.5030	0.1582
520	0.0633	0.7100	0.0782
530	0.1655	0.8620	0.0422
540	0.2904	0.9540	0.0203
550	0.4334	0.9950	0.0087
560	0.5945	0.9950	0.0039
570	0.7621	0.9520	0.0021
580	0.9163	0.8700	0.0017
590	1.0263	0.7570	0.0011
600	1.0622	0.6310	0.0008
610	1.0026	0.5030	0.0003
620	0.8544	0.3810	0.0002
630	0.6424	0.2650	0.0000
640	0.4479	0.1750	0.0000
650	0.2835	0.1070	0.0000
660	0.1649	0.0610	0.0000
670	0.0874	0.0320	0.0000
680	0.0468	0.0170	0.0000
690	0.0227	0.0082	0.0000
700	0.0114	0.0041	0.0000
710	0.0058	0.0021	0.0000
720	0.0029	0.0010	0.0000
730	0.0014	0.0005	0.0000
740	0.0007	0.0002	0.0000
750	0.0003	0.0001	0.0000
760	0.0002	0.0001	0.0000
770	0.0001	0.0000	0.0000
780	0.0000	0.0000	0.0000

体細胞のみが存在する2度視野に関するものであった．これに対してCIEは1964年にもうひとつ，10度視野の表色系 CIE $1964X_{10}Y_{10}Z_{10}$ を提案している．

4.9 均等色空間

色空間における2点の距離は，その2色の知覚的な差を定量的に表したものであり，色差と呼ばれる．しかしCIE RGB色空間やCIE XYZ色空間では，この色差が知覚的な差を均等に表現したものになっていない．そこで色差を知覚的な差にできるだけ近づけようとしたものが均等色空間である．CIE（国際照明委員会）は1976年に均等色空間として CIELAB および CIELUV を採択している．

4.9.1 CIELAB色空間と色差

$L^*a^*b^*$ 均等色空間の定義は以下のとおりである．明度 L^* が輝度 Y の1/3乗になっており，感覚量が物理量のべき乗で表されるというスティーブンス則が反映されている．

明度 L^* と色度 a^*, b^* について，

$$L^* = 116(Y/Y_0)^{1/3} - 16 \quad ; (Y/Y_0 > 0.008856)$$
$$= 903.29(Y/Y_0) \quad ; (Y/Y_0 \leq 0.008856) \tag{4.34}$$
$$a^* = 500[(X/X_0)^{1/3} - (Y/Y_0)^{1/3}] \tag{4.35}$$
$$b^* = 200[(Y/Y_0)^{1/3} - (Z/Z_0)^{1/3}] \tag{4.36}$$

となる．ここで (X_0, Y_0, Z_0) は基準白色面の三刺激値である．任意の白色で正規化して扱うので基準にした白色を明記する必要がある．さらにクロマ C^*_{ab} と色相角 h_{ab} が以下のように定義される．

$$C^*_{ab} = ((a^*)^2 + (b^*)^2)^{1/2} \tag{4.37}$$
$$h_{ab} = \tan^{-1}(b^*/a^*) \tag{4.38}$$

図4.9は $L^*a^*b^*$ 色空間の模式図であるが，a^* 軸は赤 − 緑，b^* 軸は黄 − 青に対応している．

色差は色空間上の2点間の距離として

$$\Delta E^*_{ab} = ((\Delta L^*)^2 + (\Delta a^*)^2 + (\Delta b^*)^2)^{1/2} \tag{4.39}$$

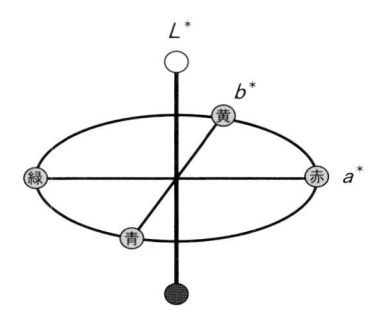

図 4.9 $L^*a^*b^*$ 色空間の模式図

で定義される．

4.9.2 CIELUV 色空間と色差

$L^*u^*v^*$ 均等色空間の明度 L^* と色度 u^*, v^* は下式で定義される．

$$L^* = 116(Y/Y_0)^{1/3} - 16 \quad :(Y/Y_0 > 0.008856)$$
$$= 903.29(Y/Y_0) \quad :(Y/Y_0 \leq 0.008856) \quad (4.40)$$
$$u^* = 13L^*(u' - u_0') \quad (4.41)$$
$$v^* = 13L^*(v' - v_0') \quad (4.42)$$

ただし，

$$u' = 4X/(X + 15Y + 3Z) = 4x/(-2x + 12y + 3)$$
$$v' = 9Y/(X + 15Y + 3Z) = 9y/(-2x + 12y + 3)$$

ここで Y_0, u_0', v_0' は基準白色面の値である．u^*, v^* が L^* を乗算する形式になっている点が特徴的である．

色差は色空間上の 2 点間の距離として次式で計算される．

$$\Delta E_{uv}^* = ((\Delta L^*)^2 + (\Delta u^*)^2 + (\Delta v^*)^2)^{1/2} \quad (4.43)$$

これらの CIE 均等色空間とマンセル表色系の関係を図 4.10 に示す[15]．図で左が CIELAB の場合，右が CIELUV の場合のマンセル色票における $V=5$ の等ヒュー・クロマ曲線である．これを見ると CIELAB 表色系の方がマンセル色立体との対応が良好であることがわかる．しかし，色差識別閾値の方向依存性を示すマクアダム楕円を見ると（図 4.11），均等性は CIELUV 表色系の方がよいことがわかる．

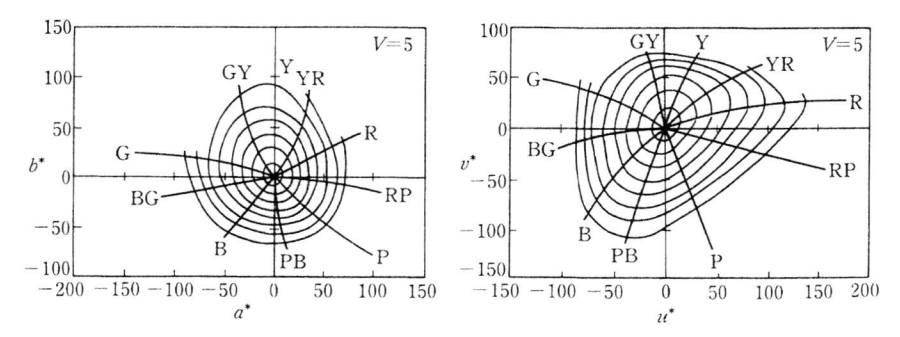

図 4.10 CIELAB（左）と CIELUV（右）とマンセル表色系の等ヒュー・クロマ曲線

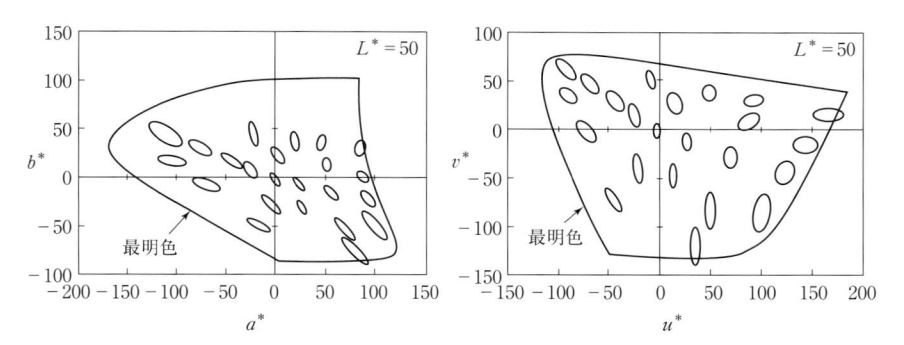

図 4.11 CIELAB（左）と CIELUV 色空間（右）におけるマクアダム楕円（Robertson, 1977）

4.10 いろいろな色空間

ここでは，よく使われる色空間について説明する．まず表 4.4 に，代表的な各色空間の色度座標，白色点色温度，白色点，そして γ（ガンマが定義されている場合）の値を示す．

4.10.1 sRGB 色空間

ディスプレイの基準となる色空間として IEC61966-2-1 で規定されているのが sRGB 色空間である．HDTV もこれを基準色空間としている．

sRGB 色空間は DSC の標準出力色空間としても使われているが，DSC の

表 4.4 代表的な色空間の定数表（参考：ISO/WD 22028-1.16）

色空間	γ	白色点		RGB 色度座標		
		白色点色温度	座標	R	G	B
sRGB	約 2.2	6500K (D65)	$x = 0.3127$ $y = 0.3290$	$x = 0.64$ $y = 0.33$	$x = 0.3$ $y = 0.6$	$x = 0.15$ $y = 0.06$
Adobe RGB	2.2	6500K (D65)	$x = 0.3127$ $y = 0.3290$	$x = 0.64$ $y = 0.33$	$x = 0.21$ $y = 0.71$	$x = 0.15$ $y = 0.06$
NTSC	2.2	Std IlluminantC	$x = 0.3101$ $y = 0.3162$	$x = 0.67$ $y = 0.33$	$x = 0.21$ $y = 0.71$	$x = 0.14$ $y = 0.08$
ROMM RGB	約 2.2	5000K (D50)	$x = 0.3457$ $y = 0.3585$	$x = 0.7347$ $y = 0.2653$	$x = 0.1596$ $y = 0.8404$	$x = 0.0366$ $y = 0.0001$
Apple RGB	1.8	6500K (D65)	$x = 0.3127$ $y = 0.3290$	$x = 0.625$ $y = 0.34$	$x = 0.28$ $y = 0.595$	$x = 0.155$ $y = 0.07$
CIE RGB		等エネルギー白	$x = 0.3333$ $y = 0.3333$	$x = 0.735$ $y = 0.265$	$x = 0.274$ $y = 0.717$	$x = 0.167$ $y = 0.009$
LMS (H.P.E.)				$x = 0.03375$ $y = 0.1625$	$x = 2.304$ $y = -1.304$	$x = 0.168$ $y = 0$
ブラッド フォード				$x = 0.6956$ $y = 0.3044$	$x = -0.3577$ $y = 1.2604$	$x = 0.1359$ $y = 0.0416$

潜在能力として表現可能な色域はこれよりずっと広い．そこでより広い色空間が使用できるように sRGB 色空間を拡張した sYCC（IEC 61966-2-1 Ammendment1）が規格化された．また sRGB 色空間より少し広い Adobe RGB 色空間（DCF 2.0 オプション色空間）も，DSC の標準出力空間として使われる．

sRGB 規格には，標準画像表示ディスプレイ特性とともに標準視環境が定義されており，表4.5，表4.6に示す．サンプルの色を観察する場合，2度視野の領域を stimulus 領域，その周りの 10°程度を proximal field（注視点の周辺），その外側の 30°くらい（たとえば背景のモニター画面）を background, その外側（背景）を surround と呼ぶ．

以下に sRGB の定義を与える CIE XYZ 表色系との変換関係を記す．
＊＊＊＊＊＊＊＊＊sRGB（8bit）から XYZ への変換＊＊＊＊＊＊＊＊＊＊

$R'_{sRGB} = R_{8bit}/255$

$G'_{sRGB} = G_{8bit}/255$

4.10 いろいろな色空間

表 4.5 sRGB 標準画像ディスプレイ特性（文献[16]，改変）

ディスプレイ輝度レベル（display luminance level）	$80\,\mathrm{Cd/m^2}$
ディスプレイ白色点（display illuminant white）	D65 $(x_\mathrm{W}, y_\mathrm{W}, z_\mathrm{W}) = (0.3127, 0.3290, 0.3583)$
ディスプレイ RGB 色度座標（display primaries）	R $(x_\mathrm{R}, y_\mathrm{R}, z_\mathrm{R}) = (0.64, 0.33, 0.03)$ G $(x_\mathrm{G}, y_\mathrm{G}, z_\mathrm{G}) = (0.3, 0.6, 0.1)$ B $(x_\mathrm{B}, y_\mathrm{B}, z_\mathrm{B}) = (0.15, 0.06, 0.79)$
ディスプレイ階調特性（display input/output characteristic）	ほぼ 2.2（詳細は p.88 の「sRGB RGB (8 bit) から XYZ への変換」に記載）

表 4.6 sRGB 標準視環境（文献[16]，改変）

プロキシマルフィールド（reference proximal field）(P)	ディスプレイ輝度（$80\,\mathrm{Cd/m^2}$）の 20% の反射（D65 で $16\,\mathrm{Cd/m^2}$）
背景（reference background）(B)	ディスプレイスクリーンの一部をなし，ディスプレイ輝度（$80\,\mathrm{Cd/m^2}$）の 20% の反射（D65 で $16\,\mathrm{Cd/m^2}$）
サラウンド（reference surround）(S)	(A) の 20%（D50 周辺照度の 20% 拡散反射として輝度 $4.1\,\mathrm{Cd/m^2}$）
周囲照度レベル（reference ambient illumination level）(A)	64 lux
周囲白色点（reference ambient white point）	D50 $(x_\mathrm{W}, y_\mathrm{W}, z_\mathrm{W}) = (0.3457, 0.3585, 0.2958)$
グレア（reference vailing glare）	1.0%（$0.2\,\mathrm{Cd/m^2}$）

$$B'_\mathrm{sRGB} = B_\mathrm{8bit}/255$$

if $R'_\mathrm{sRGB}, G'_\mathrm{sRGB}, B'_\mathrm{sRGB} \leq 0.04045$

$$R_\mathrm{sRGB} = R'_\mathrm{sRGB}/12.92$$
$$G_\mathrm{sRGB} = G'_\mathrm{sRGB}/12.92$$
$$B_\mathrm{sRGB} = B'_\mathrm{sRGB}/12.92$$

if $R'_\mathrm{sRGB}, G'_\mathrm{sRGB}, B'_\mathrm{sRGB} > 0.04045$

$$R_\mathrm{sRGB} = [(R'_\mathrm{sRGB} + 0.055)/1.055]^{2.4}$$
$$G_\mathrm{sRGB} = [(G'_\mathrm{sRGB} + 0.055)/1.055]^{2.4}$$
$$B_\mathrm{sRGB} = [(B'_\mathrm{sRGB} + 0.055)/1.055]^{2.4}$$

$$\begin{bmatrix} X \\ Y \\ Z \end{bmatrix} = \begin{bmatrix} 0.4124 & 0.3576 & 0.1805 \\ 0.2126 & 0.7152 & 0.0722 \\ 0.0193 & 0.1192 & 0.9505 \end{bmatrix} \begin{bmatrix} R_\mathrm{sRGB} \\ G_\mathrm{sRGB} \\ B_\mathrm{sRGB} \end{bmatrix}$$

*********XYZ から sRGB (8bit) への変換**********

$$\begin{bmatrix} R_{\text{sRGB}} \\ G_{\text{sRGB}} \\ B_{\text{sRGB}} \end{bmatrix} = \begin{bmatrix} 3.2406 & -1.5372 & -0.4986 \\ -0.9689 & 1.8758 & 0.0415 \\ 0.0557 & -0.2040 & 1.0570 \end{bmatrix} \begin{bmatrix} X \\ Y \\ Z \end{bmatrix}$$

if $R_{\text{sRGB}}, G_{\text{sRGB}}, B_{\text{sRGB}} \leq 0.0031308$

$R'_{\text{sRGB}} = R_{\text{sRGB}} \times 12.92$

$G'_{\text{sRGB}} = G_{\text{sRGB}} \times 12.92$

$B'_{\text{sRGB}} = B_{\text{sRGB}} \times 12.92$

if $R_{\text{sRGB}}, G_{\text{sRGB}}, B_{\text{sRGB}} > 0.0031308$

$R'_{\text{sRGB}} = 1.055 \times R_{\text{sRGB}}^{1/2.4} - 0.055$

$G'_{\text{sRGB}} = 1.055 \times G_{\text{sRGB}}^{1/2.4} - 0.055$

$B'_{\text{sRGB}} = 1.055 \times B_{\text{sRGB}}^{1/2.4} - 0.055$

値を 0〜255 (8bit) で表すと,

$R_{\text{8bit}} = R'_{\text{sRGB}} \times 255$

$G_{\text{8bit}} = G'_{\text{sRGB}} \times 255$

|C|	X	Y	Z
R	0.64	0.33	0.03
G	0.3	0.6	0.1
B	0.15	0.06	0.79
D65	0.3127	0.329	0.3583

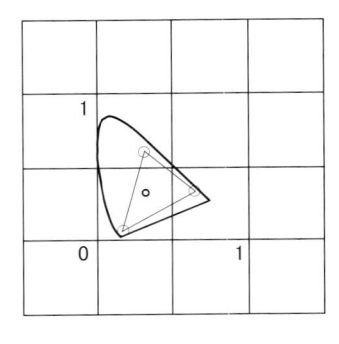

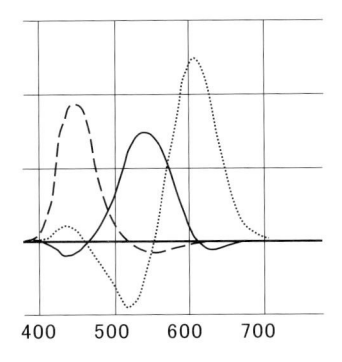

図 4.12　sRGB の xy 色度図上の色域と sRGB 等色関数

4.10 いろいろな色空間

$B_{8bit} = B'_{sRGB} \times 255$

図 4.12 の表は sRGB 原刺激の座標，図 4.12 左下は xy 色度図上での sRGB 色域表示，図 4.12 右下は sRGB 等色関数を示す．また，sRGB と XYZ との変換関係を表す変換マトリクスを表 4.12 に示す．

4.10.2　CIE XYZ 色空間

図 4.13 は CIE XYZ 色空間の 3 つの原刺激の座標とその等色関数を示した図である．

4.10.3　CIE RGB 色空間

図 4.14 は CIE RGB 色空間の 3 つの原刺激の座標とその等色関数を示した図である．CIE RGB と XYZ との変換関係を表す変換マトリクスを表 4.12 に示す．

4.10.4　scRGB 色空間

scRGB 色空間は sRGB 色空間を拡張したもので，16bit リニア scRGB 色空間は sRGB の －50% ～ 750% をカバーしたものである．定義域は広がっているが，色空間の変換関係は sRGB の場合と同等である．

CIE XYZ から 16bit scRGB 色空間の変換関係は次のとおりである．

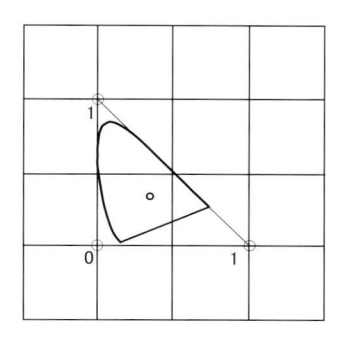

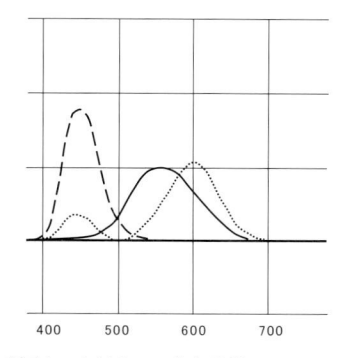

図 4.13　XYZ 色空間の xy 色度図上の色域と $\overline{xyz}$ 等色関数

|C|	X	Y	Z
R	0.735	0.265	0
G	0.274	0.717	0.009
B	0.167	0.009	0.824
等エネ白	0.333333	0.333333	0.333333

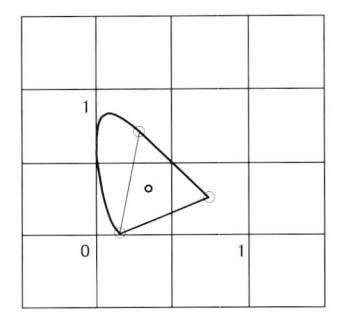

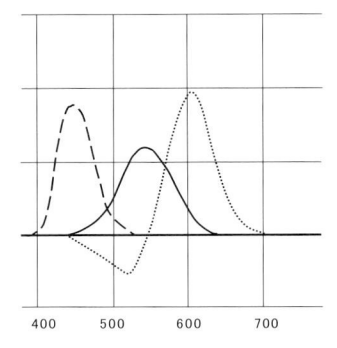

図 4.14　CIE RGB の xy 色度図上の色域と CIE RGB 等色関数

$$\begin{bmatrix} R_{\text{scRGB}} \\ G_{\text{scRGB}} \\ B_{\text{scRGB}} \end{bmatrix} = \begin{bmatrix} 3.2406 & -1.5372 & -0.4986 \\ -0.9689 & 1.8758 & 0.0415 \\ 0.0557 & -0.2040 & 1.0570 \end{bmatrix} \begin{bmatrix} X \\ Y \\ Z \end{bmatrix}$$

$R'_{\text{scRGB}} = (R_{\text{scRGB}} \times 8192) + 4096$

$G'_{\text{scRGB}} = (G_{\text{scRGB}} \times 8192) + 4096$

$B'_{\text{scRGB}} = (B_{\text{scRGB}} \times 8192) + 4096$

4.10.5　Adobe RGB 色空間と DCF オプション色空間

　Adobe RGB 色空間は sRGB 色空間よりも色域が広く，印刷分野で使われることが多い．Adobe RGB 色空間と実質的に同じ色空間として DCF2.0 で規格化されたのが，DCF オプション色空間（opRGB 色空間）である．DSC オプション色空間は sRGB, sYCC（IEC61966-2-1, IEC61966-2-1 Amd.1）などと同様に，観察系で定義された色空間である．DSC オプション色空間の opRGB 標準画像ディスプレイと標準環境を表 4.7，表 4.8 に示す．

　CIE XYZ 表色系との関係で与えられる opRGB 色空間の定義は以下のとお

4.10 いろいろな色空間

表 4.7 opRGB 標準画像ディスプレイの特性（文献[20], 改変）

ディスプレイ輝度レベル	160 Cd/m^2
ディスプレイ白色点	D65 $(x_W, y_W, z_W) = (0.3127, 0.3290, 0.3583)$
ディスプレイモデルオフセット	R, G, B = 0.0
ディスプレイ RGB 色度座標	R $(x_R, y_R, z_R) = (0.64, 0.33, 0.03)$ G $(x_G, y_G, z_G) = (0.21, 0.71, 0.08)$ B $(x_B, y_B, z_B) = (0.15, 0.06, 0.79)$
ディスプレイ階調特性	2.2
ディスプレイ黒レベル	0.4 Cd/m^2

表 4.8 opRGB 標準視環境（文献[20], 改変）

プロキシマルフィールド（reference proximal field）	ディスプレイ輝度（160 Cd/m^2）の 20%（D65 で 32 Cd/m^2）
背景（reference background）	ディスプレイスクリーンの一部をなし，ディスプレイ輝度（160 Cd/m^2）の 20%（D65 で 32 Cd/m^2）
サラウンド（reference surround）	D50 周辺照度の 20% 拡散反射で 4.1 Cd/m^2 相当
周囲照度レベル（reference ambient illumination level）	64 lux
周囲白色点（reference ambient white point）	D50 $(x_W, y_W, z_W) = (0.3457, 0.3585, 0.2958)$

りである．

********* opRGB（N bit）から XYZ への変換 *********

N bit/channel の場合

$$R'_{opRGB} = (R_{opRGB(N)} - 0) / ((2^N - 1) - 0)$$
$$G'_{opRGB} = (G_{opRGB(N)} - 0) / ((2^N - 1) - 0)$$
$$B'_{opRGB} = (B_{opRGB(N)} - 0) / ((2^N - 1) - 0)$$

ノンリニア opR'G'B' 値をリニア opRGB 値に変換すると

$$R_{opRGB} = (R'_{opRGB})^{2.2}$$
$$G_{opRGB} = (G'_{opRGB})^{2.2}$$
$$B_{opRGB} = (B'_{opRGB})^{2.2}$$

そして

$$\begin{bmatrix} X \\ Y \\ Z \end{bmatrix} = \begin{bmatrix} 0.5767 & 0.1856 & 0.1882 \\ 0.2974 & 0.6274 & 0.0753 \\ 0.0271 & 0.0707 & 0.9914 \end{bmatrix} \begin{bmatrix} R_{\text{opRGB}} \\ G_{\text{opRGB}} \\ B_{\text{opRGB}} \end{bmatrix}$$

＊＊＊＊＊＊＊＊＊ XYZ から opRGB（N bit）への変換 ＊＊＊＊＊＊＊＊＊

$$\begin{bmatrix} R_{\text{opRGB}} \\ G_{\text{opRGB}} \\ B_{\text{opRGB}} \end{bmatrix} = \begin{bmatrix} 2.0414 & -0.5650 & -0.3447 \\ -0.9693 & 1.8760 & 0.0416 \\ 0.0134 & -0.1184 & 1.0151 \end{bmatrix} \begin{bmatrix} X \\ Y \\ Z \end{bmatrix}$$

リニア opRGB 値をノンリニア opR′G′B′ 値に変換すると

$R'_{\text{opRGB}} = (R_{\text{opRGB}})^{1/2.2}$

$G'_{\text{opRGB}} = (G_{\text{opRGB}})^{1/2.2}$

$B'_{\text{opRGB}} = (B_{\text{opRGB}})^{1/2.2}$

N bit/channel の場合

$R_{\text{opRGB(N)}} = \text{round}(R'_{\text{opRGB}} \times ((2^N - 1) - 0) + 0)$

$G_{\text{opRGB(N)}} = \text{round}(G'_{\text{opRGB}} \times ((2^N - 1) - 0) + 0)$

$B_{\text{opRGB(N)}} = \text{round}(B'_{\text{opRGB}} \times ((2^N - 1) - 0) + 0)$

|C|	X	Y	Z
R	0.64	0.33	0.03
G	0.21	0.71	0.08
B	0.15	0.06	0.79
D65	0.3127	0.329	0.3583

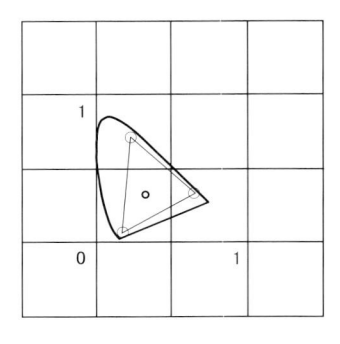

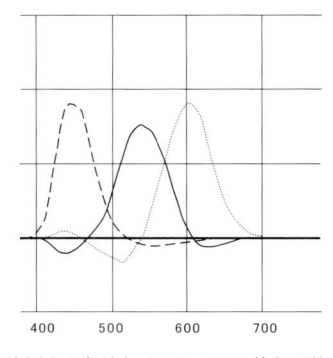

図 4.15 opRGB（Adobe RGB）の xy 色度図上の色域と Adobe RGB 等色関数

opRGB（Adobe RGB）色空間の色域と等色関数を図4.15に示す．また，XYZとの変換関係を表す変換マトリクスを表4.12に示す．

4.10.6　NTSC色空間

National Television Standard Committee（NTSC）で定義された色空間で，昔はNTSC（1953）色空間がよく使われた．テレビ放送が始まった頃のCRTの発光体の張る色空間で，昔のカラーテレビの標準色空間である．表4.9に示すようにAdobe RGBの色空間と色域の大きさも近いが，色度座標がわずかに異なる．

NTSC色空間の色域と等色関数を図4.16に示す．また，XYZとの変換関係

表 4.9　NTSC，Adobe RGB，sRGB の原刺激 RGB 座標

	NTSC (1953)	Adobe RGB	sRGB
R	$x=0.67, y=0.33$	$x=0.64, y=0.33$	$x=0.64, y=0.33$
G	$x=0.21, y=0.71$	$x=0.21, y=0.71$	$x=0.30, y=0.60$
B	$x=0.14, y=0.08$	$x=0.15, y=0.06$	$x=0.15, y=0.06$

|C|	X	Y	Z
R	0.67	0.33	0
G	0.21	0.71	0.08
B	0.14	0.08	0.78
C光源	0.3101	0.3162	0.3737

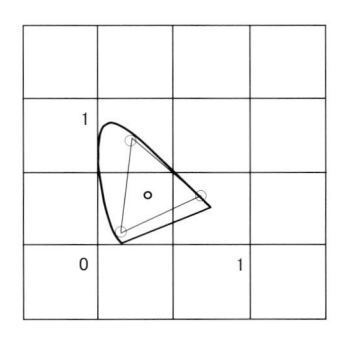

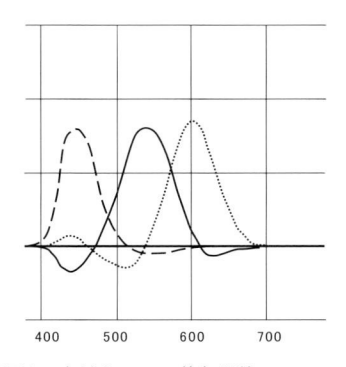

図 4.16　NTSC RGB の xy 色度図上の色域と NTSC 等色関数

4.10.7 ROMM RGB 色空間[17]

出力色空間としての ROMM RGB (reference output medium metric RGB) は D50 の白色点を基準としている．この空間の出力参照イメージ (output-referred image) は表 4.10 の標準視環境 (reference viewing environment) で鑑賞したとき，望ましい色の見えを実現する．

ROMM RGB では黒色点 (black point) も定義しており，これは順応白色点輝度 (luminance level of the observer adaptive white) の 0.0030911 倍で，濃度 2.5099 に相当している．白色点を X_W, Y_W, Z_W, 黒色点を X_K, Y_K, Z_K とすると，規格化された X_N, Y_N, Z_N を算出する変換式は以下のとおりである．

******* CIE 1931 XYZ から ROMM RGB への変換 *******

$X_N = \{(X - X_K) X_W\} / \{(X_W - X_K) Y_W\}$

$Y_N = (Y - Y_K) / (Y_W - Y_K)$

$Z_N = \{(Z - Z_K) Z_W\} / \{(Z_W - Z_K) Y_W\}$

$$\begin{bmatrix} R_{ROMM} \\ G_{ROMM} \\ B_{ROMM} \end{bmatrix} = \begin{bmatrix} 1.3460 & 0.2556 & -0.0511 \\ -0.5446 & 1.5082 & 0.0205 \\ 0.0000 & 0.0000 & 1.2123 \end{bmatrix} \begin{bmatrix} X_N \\ Y_N \\ Z_N \end{bmatrix}$$

さらに，R, G, B を C として

if $\quad C_{ROMM} < 0.001953125 \quad C'_{ROMM} = 16 C_{ROMM} I_{max}$

if $\quad 0.001953125 < C_{ROMM} < 1.0 \quad C'_{ROMM} = (C_{ROMM})^{1/1.8} I_{max}$

表 4.10　ROMM RGB 標準視環境[17]

観察者が順応する白色の輝度レベル (absolute luminance level of the observer adaptive white)	160 Cd/m² (ほぼ 500 lux で照らされた完全拡散面輝度)
RGB 3 原色の座標 (reference medium primaries)	R (x_R, y_R, z_R) = (0.7347, 0.2653, 0.0) G (x_G, y_G, z_G) = (0.1596, 0.8404, 0.0) B (x_B, y_B, z_B) = (0.0366, 0.0001, 0.9633)
順応白色 (observer adaptive white)	D50 (x_W, y_W, z_W) = (0.3457, 0.3585, 0.2958)
サラウンド (immediately surrounding the image border shall be assumed to be a uniform gray)	D50 の順応白色輝度の 20% のグレイ
フレア (viewing flare)	D50 の順応白色輝度の 0.75%

4.10 いろいろな色空間

表 4.11 ROMM RGB の階調

Y	Y_N	ROMM8 RGB	ROMM12 RGB	ROMM16 RGB
0.30911	0	0	0	0
0.4	0.00102	4	67	1075
1	0.00779	17	276	4417
10	0.10927	75	1197	19156
20	0.22202	111	1775	28402
35	0.39114	151	2431	38904
50	0.56027	185	2968	47500
75	0.84215	232	3722	59569
89	1	255	4095	65535

|C|	X	Y	Z
R	0.7347	0.2653	0
G	0.1596	0.8404	0
B	0.366	0	0.9634
D50	0.3457	0.3585	0.2958

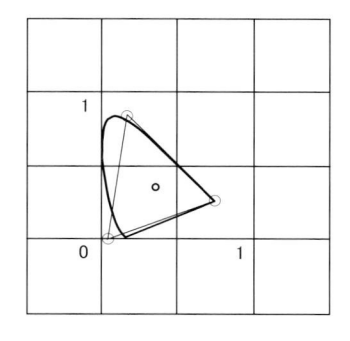

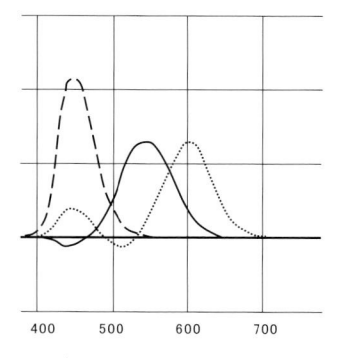

図 4.17 ROMM RGB の xy 色度図上の色域と ROMM 等色関数

ここで $I_{\max}$ は，8 bit, 12 bit, 16 bit システムではそれぞれ 256, 4095, 65535 である．表 4.11 に ROMM RGB の階調を示す．

ROMM RGB 色空間の色域と等色関数を図 4.17 に示す．また，XYZ との変換関係を表す変換マトリクスを表 4.12 に示す．

4.10.8 ブラッドフォード色空間

白色点変換でよく使われるブラッドフォード（Bradford）色空間の原刺激座

|C|	X	Y	Z
R	0.6956	0.3044	0.304
G	−0.3577	1.2604	0.0973
B	0.1359	0.0416	0.8224

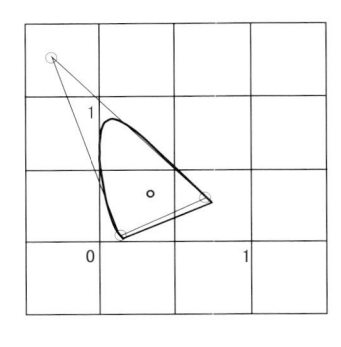

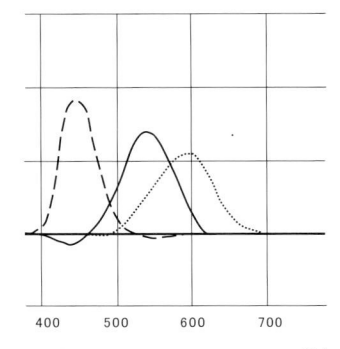

図 4.18 ブラッドフォード色空間の xy 色度図上の色域とそのブラッドフォード等色関数

標値と色域，そして等色関数を図 4.18 に示す．また，XYZ との変換関係を表す変換マトリクスを表 4.12 に示す．

4.10.9 LMS 色空間

等色関数とは目の 3 錐体に関する 3 つの分光感度分布の線形変換にほかならない．色覚異常者の混同色線を実験で求めて，混同色中心 (x_L, y_L, z_L)，(x_M, y_M, z_M)，(x_S, y_S, z_S) を求めた結果は[18]，

$$(x_L, y_L, z_L) = (0.7465, \ 0.2535, \ 0.0)$$
$$(x_M, y_M, z_M) = (1.4000, \ -0.4000, \ 0.0)$$
$$(x_S, y_S, z_S) = (0.1748, \ 0.0, \ 0.8252)$$

これを原刺激座標値として，目の LMS 錐体感度分布特性を表す等色関数を計算すると図 4.19 となる．XYZ との変換関係を表す変換マトリクスを表 4.12 に示す．

LMS 錐体の特性は個人差もあるし，報告によっていろいろ異なっている．後述の錐体信号変換（ハント-ポインター-エステビッツ変換，Hunt-Pointer-Estevez 変換）に使われる変換マトリクスは，

4.10　いろいろな色空間

|C|	X	Y	Z
R	0.764	0.254	0
G	1.4	−0.4	0
B	0.175	0	0.825

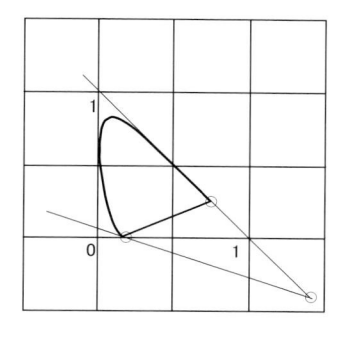

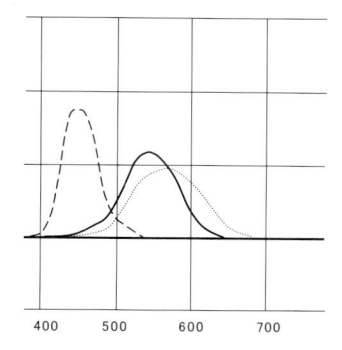

図 4.19　LMS 錐体の xy 色度図上の原刺激とその LMS 等色関数

|C|	X	Y	Z
R	0.8374	0.1626	0
G	2.302	−1.302	0
B	0.168	0	0.832

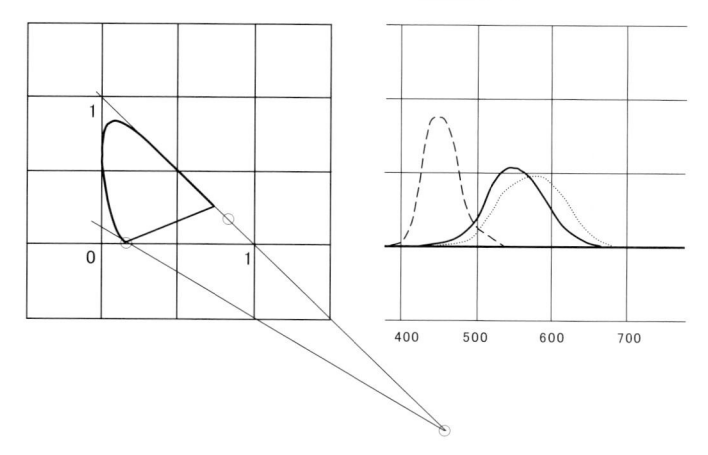

図 4.20　LMS 錐体の xy 色度図上の原刺激とその LMS 等色関数

$$[D_{\mathrm{HPE}}] = \begin{bmatrix} 0.3897 & 0.6890 & -0.0787 \\ -0.2298 & 1.1834 & 0.0464 \\ 0 & 0 & 1.0 \end{bmatrix}$$

であり,前記のものと少し異なる.この場合の LMS 錐体感度分布特性を表す等色関数と原刺激座標値は図 4.20 のようになる.XYZ との変換関係を表す変換マトリクスを表 4.12 に示す.

4.10.10　各色空間と XYZ 色空間との変換マトリクス

表 4.12 に各色空間の三原刺激(primary)座標値と(RGB XYZ)変換マト

表 4.12 各色空間の三原刺激(primary)座標値と(RGB XYZ)変換マトリクス表
(LMS の上段は混同色中心の座標から計算したもの,下段は HPE 変換式対応)[19]

色空間	|C|=	rx, gx, bx	ry, gy, by	rz, gz, bz	|D|	R	G	B	|D|⁻¹	X	Y	Z
CIERGB	R	0.735	0.265	0	X	0.488717	0.31068	0.200601	R	2.370674	−0.90004	−0.47063
	G	0.274	0.717	0.009	Y	0.176204	0.812984	0.01081	G	−0.51388	1.425303	0.088581
	B	0.167	0.009	0.824	Z	0	0.010204	0.989795	B	0.005298	−0.01469	1.009396
	等エネ白	0.333333	0.333333	0.333333								
sRGB	R	0.64	0.33	0.03	X	0.41239	0.357584	0.18048	R	3.240969	−1.53738	−0.49861
	G	0.3	0.6	0.1	Y	0.212639	0.715168	0.072192	G	−0.96924	1.875967	0.041555
	B	0.15	0.06	0.79	Z	0.01933	0.119194	0.950532	B	0.05563	−0.20397	1.056971
	D65	0.3127	0.329	0.3583								
Adobe	R	0.64	0.33	0.03	X	0.576669	0.185558	0.188228	R	2.041587	−0.565	−0.34473
	G	0.21	0.71	0.08	Y	0.297344	0.627363	0.075291	G	−0.96924	1.875967	0.041555
	B	0.15	0.06	0.79	Z	0.027031	0.070688	0.991337	B	0.013444	−0.11836	1.015174
	D65	0.3127	0.329	0.3583								
NTSC	R	0.67	0.33	0	X	0.607	0.174	0.2	R	1.91	−0.532	−0.288
	G	0.21	0.71	0.08	Y	0.299	0.587	0.114	G	−0.985	1.999	−0.028
	B	0.14	0.08	0.78	Z	0	0.066	1.116	B	0.058	−0.0118	0.898
	C光源	0.3101	0.3162	0.3737								
Apple	R	0.625	0.34	0.035	X	0.45	0.316	0.185	R	2.952	−1.29	−0.474
	G	0.28	0.595	0.125	Y	0.245	0.672	0.083	G	−1.065	1.991	0.037
	B	0.155	0.07	0.775	Z	0.025	0.141	0.923	B	0.085	−0.269	1.091
	D65	0.3127	0.329	0.3583								
ROMM	R	0.7347	0.2653	0	X	0.798	0.135	0.031	R	1.345	−0.255	−0.051
	G	0.1596	0.8404	0	Y	0.288	0.712	0	G	−0.544	1.508	0.02
	B	0.366	0	0.9634	Z	0	0	0.825	B	0	0	1.212
	D50	0.3457	0.3585	0.2958								
LMS	R	0.764	0.254	0	X	1.956	−1.169	0.212	R	0.2332	0.81625	−0.4946
	G	1.4	−0.4	0	Y	0.666	0.334	0	G	−0.4653	1.3667	0.0987
	B	0.175	0	0.825	Z	0	0	1	B	0	0	1
LMS (H.P.E)	R	0.8374	0.1626	0	X	1.91	−1.112	0.202	R	0.3897	0.689	−0.0787
	G	2.3023	−1.3023	0	Y	0.371	0.629	0	G	−0.2298	1.1834	0.0464
	B	0.168	0	0.832	Z	0	0	1	B	0	0	1
									Hunt-Pointer-Estevez変換			
Bradford	R	0.6956	0.3044	0	X	0.987	−0.147	0.16	R	0.8951	0.2664	−0.1614
	G	−0.3577	1.2604	0.0973	Y	0.432	0.518	0.049	G	−0.7502	1.7135	0.0367
	B	0.1359	0.0416	0.8224	Z	0	0.04	0.968	B	0.0389	−0.0685	1.0296
									Bradford変換			

リクスを示す．マトリクス計算の桁落ちなどにより，厳密な計算値と少し違うものも含まれるが，概略を把握するための参考としてまとめたものなのでご容赦願いたい．

4.11 色空間変換の応用例

目には色順応という働きがある．普段はほとんど意識されないが，同じ色を長く見続けるとその色味が薄くなり白色方向に近づく．蛍光灯で照明された部屋から白熱灯で照明された部屋に入ると，最初は物の見えに違和感があるが，数分すれば気にならなくなる．白色の値を計測器で測れば (X, Y, Z) 値は大きく変化しているが，人は白いものは白いと感じるように色順応する．表4.13 は色温度を変化させた場合の白色点の色度座標値 (x_w, y_w, z_w)，および輝度成分を1に規格化した場合の値である．

D50（5000 K 相当）の白色点 $(X_{w50}, Y_{w50}, Z_{w50}) = (0.3457, 0.3583, 0.2960)$ から D65（6500 K 相当）の白色点 $(X_{w65}, Y_{w65}, Z_{w65}) = (0.3127, 0.3290, 0.3583)$ に変換する場合，見えをなるべく同等に維持するためには，白色点以外の色はどのように変換するのが適当なのであろうか．たとえば D50 における色 (X_{50}, Y_{50}, Z_{50}) は D65 において色 (X_{65}, Y_{65}, Z_{65}) に変換されるとして，両者の変換関係はどのようであるべきなのか．以下のような X, Y, Z の比例計算で適正な色の見えが得られるのだろうか．

$$X_{65} = (X_{w65}/X_{w50})X_{50}, \quad Y_{65} = (Y_{w65}/Y_{w50})Y_{50}, \quad Z_{65} = (Z_{w65}/Z_{w50})Z_{50} \quad (4.44)$$

実際に色温度変換としてよく使われるのが，次に説明する視感度の色空間である LMS 色空間とブラッドフォード色空間である．

表 4.13 色温度と白色点 (w. p.) 座標

光源	白色点座標 (x_w, y_w, z_w)	輝度を1に規格化
A	(0.4476, 0.4074, 0.1450)	(1.0985, 1, 0.3558)
2950K 黒体	(0.4405, 0.4053, 0.1542)	(1.0868, 1, 0.3805)
D50	(0.3457, 0.3583, 0.2960)	(0.9637, 1, 0.8261)
D65	(0.3127, 0.3290, 0.3583)	(0.9505, 1, 1.0891)
D75	(0.2990, 0.3149, 0.3861)	(0.9496, 1, 1.2261)

4.11.1 フォン・クリースの色順応予測式

白色点変換の代表的なものにフォン・クリース（von Kriss）の色順応予測式がある．これは視感度の空間であるLMS色空間で色温度変換を行う．フォン・クリースは順応に際して，LMS錐体は白色の見えが一定になるように感度バランスを調整すると考えた（フォン・クリースの色順応仮説）．

したがって，フォン・クリースの色順応予測式は人間の目の3錐体感度分布を3つの等色関数とするLMS色空間に移動して，そこで各色要素について比例定数 k_i を用いて変換を行うものである．もとの色空間からLMS色空間に移動した後の三刺激値を L, M, S とし，色温度変換後の値を L', M', S' として，

$$L' = k_1 L, \quad M' = k_2 M, \quad S' = k_3 S$$

あるいは，マトリクス表現では

$$\begin{bmatrix} L' \\ M' \\ S' \end{bmatrix} = \begin{bmatrix} k_1 & 0 & 0 \\ 0 & k_2 & 0 \\ 0 & 0 & k_3 \end{bmatrix} = \begin{bmatrix} L \\ M \\ S \end{bmatrix} \tag{4.45}$$

ここで k_1, k_2, k_3 は，

$$k_1 = (L'_w/L_w), \quad k_2 = (M'_w/M_w), \quad k_3 = (S'_w/S_w) \tag{4.46}$$

であり，LMS色空間での変換前後の白色点成分の大きさの比である．

XYZ色空間からLMS色空間への変換は下式（ハント–ポインター–エステビッツ変換）を用いて行う．

$$[D_{\mathrm{HPE}}] = \begin{bmatrix} 0.3897 & 0.6890 & -0.0787 \\ -0.2298 & 1.1834 & 0.0464 \\ 0 & 0 & 1.0 \end{bmatrix} \tag{4.47}$$

$$\begin{bmatrix} L \\ M \\ S \end{bmatrix} = [D_{\mathrm{HPE}}] \begin{bmatrix} X \\ Y \\ Z \end{bmatrix} \tag{4.48}$$

4.11.2 ブラッドフォード色空間における白色点変換

とくに目の応答を意識した場合には上記のLMS空間での変換が使われるが，一般にはブラッドフォード色空間あるいはそれに近い色空間で色温度変換が使われることが多い．後述のICCプロファイルを用いた変換でもブラッドフォー

ド色空間における白色点変換が登場する．ブラッドフォード色空間の等色関数は図 4.18 に示すように，比較的幅の狭い単純な山型の分布をなしている．ブラッドフォード色空間での白色点変換式は，

$$\begin{bmatrix} R'_{\mathrm{Bfd}} \\ G'_{\mathrm{Bfd}} \\ B'_{\mathrm{Bfd}} \end{bmatrix} = \begin{bmatrix} k_1 & 0 & 0 \\ 0 & k_2 & 0 \\ 0 & 0 & k_3 \end{bmatrix} = \begin{bmatrix} R_{\mathrm{Bfd}} \\ G_{\mathrm{Bfd}} \\ B_{\mathrm{Bfd}} \end{bmatrix} \tag{4.49}$$

である．たとえば，D65 から D50 に変換するには，以下の対角項の係数を用いる．

$$\begin{aligned} k_1 &= R_{\mathrm{w}50}/R_{\mathrm{w}65} = 1.058 \\ k_2 &= G_{\mathrm{w}50}/G_{\mathrm{w}65} = 0.963 \\ k_3 &= B_{\mathrm{w}50}/B_{\mathrm{w}65} = 0.751 \end{aligned} \tag{4.50}$$

この変換係数は以下の式で求まる．

$$\begin{bmatrix} R_{\mathrm{w}65} \\ G_{\mathrm{w}65} \\ B_{\mathrm{w}65} \end{bmatrix} = [D_{\mathrm{Bfd}}] \begin{bmatrix} 0.9505 \\ 1 \\ 1.0891 \end{bmatrix} \tag{4.51}$$

BfdRGB（D65）　　XYZ to BfdRGB　　XYZ（D65）

$$\begin{bmatrix} R_{\mathrm{w}50} \\ G_{\mathrm{w}50} \\ B_{\mathrm{w}50} \end{bmatrix} = [D_{\mathrm{Bfd}}] \begin{bmatrix} 0.9643 \\ 1 \\ 0.8251 \end{bmatrix} \tag{4.52}$$

BfdRGB（D50）　　XYZ to BfdRGB　　XYZ（D50）

ここで，X, Y, Z からブラッドフォード RGB への変換は次式で与えられる．

$$[D_{\mathrm{Bfd}}] = \begin{bmatrix} 0.8951 & 0.2664 & -0.1614 \\ -0.7502 & 1.7135 & 0.0367 \\ 0.0389 & -0.0685 & 1.0296 \end{bmatrix} \tag{4.53}$$

文　　　献

1) 内川恵二：色覚のメカニズム，8. 表面色知覚．朝倉書店（1998）．
2) 北岡明佳監修：錯視完全図解―脳はなぜだまされるのか？　Newton 別冊（2007）．
3) 日置隆一：測光・測色，光学技術，Vol. 4, II 測色 p. 4, 光学工業技術研究組合（1977）．
4) 小瀬輝次：測光・測色，光学技術，Vol. 4, 光学工業技術研究組合（1980）．
5) 大山　正：色彩心理学入門，p. 137, 中公新書（1994）．

6) 金子隆芳：色の科学―その心理と生理と物理，p.92，朝倉書店（1995）．
7) 大田　登：色彩工学，第2版，p.53，東京電機大学出版局（2001）．
8) 篠田博之，藤枝一郎：色彩工学入門―定量的な色の理解と活用，p.87，森北出版（2007）．
9) 城　一夫：（カラー版徹底図解）色の仕組み，新星出版社（2009）．
10) 田島譲二：カラー画像複製論，丸善（1996）．
11) 日下秀夫監修：カラー画像工学，p.10，オーム社（1997）．
12) 三宅洋一：ディジタルカラー画像の解析・評価，東京大学出版会（2000）．
13) 日下秀夫監修：カラー画像工学，p.13，オーム社（1997）．
14) Publication CIE No.17（1971）．
15) 大田　登：色彩工学，第2版，p.137，東京電機大学出版局（2001）．
16) 加藤直哉：カラーフォーラム JAPAN 2000，p.25（2000）．
17) PIMA7666, Working Draft 1.0, June 28（2000）, Reference Output Mediun Metric RGB Color Encoding：ROMM-RGB.
18) 篠田博之，藤枝一郎：色彩工学入門―定量的な色の理解と活用，p.57，森北出版（2007）．
19) L. W. MacDonald and M. Ronnier Luo：Colour Imaging：Vision and Technology. Wiley（1999）．
20) IEC 61966-2-5/Ed.1, Optional RGB color space-opRGB.

5
カメラの色処理

　この章ではデジタルスチルカメラ（DSC）の色処理について解説する．まず測定器で測ったような色再現（測色的色再現）が可能となるために DSC が備えるべき条件について述べる．次に実際の DSC ではその条件が満たされてはいないので，それをどのように近似しているかを説明する．フィルムの時代から，写真は測色的色再現を追求してきたわけではない．人の感覚・知覚を通した感性的判断において好ましく感じるような再現を探して発展してきた．したがって，色処理を考える上で，どのような色再現をめざすかを明確にすることは重要である．

5.1　デジタルスチルカメラ（DSC）の画像処理の流れ

　DSC の画像処理の流れを概念化したものを図 5.1 に示す．撮像素子から出力された画像出力（R_0, G_0, B_0）は，ホワイトバランス（WB）調整で光源の色温度による影響を補正される．続いて，撮像素子が単板撮像素子（ベイヤー配列など）の場合は「補間」を行う．撮像素子からの出力は，撮像素子の RGB 感度分布で規定される，いわば「撮像素子色空間」における表現になっている．これをカメラの出力に適した色空間（たとえば sRGB 色空間）の値（R_1, G_1, B_1）に変換するのが「色空間変換」である．現在の DSC では sRGB 色空間や Adobe RGB 色空間（opRGB 色空間）を出力画像色空間として使うことが普通である．

　sRGB 規格は 1999 年 10 月に IEC 61966-2-1 として発行された標準色空間に関する IEC 規格であり，標準ディスプレイの発光体特性で定まる色空間とディ

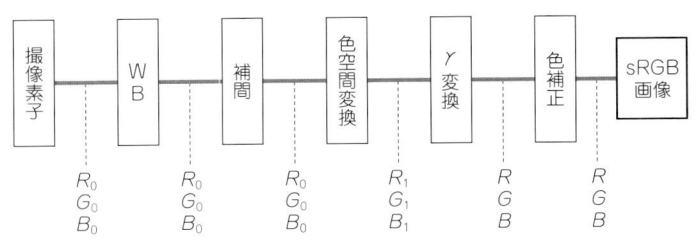

```
撮像素子 → WB → 補間 → 色空間変換 → γ変換 → 色補正 → sRGB画像
         R₀      R₀     R₀        R₁      R       R
         G₀      G₀     G₀        G₁      G       G
         B₀      B₀     B₀        B₁      B       B
```

図 5.1 DSC の画像処理の流れ

スプレイの基準である階調特性 $\gamma=2.2$ に基づいて作られている．図 5.1 の「γ 変換」のブロックはこの規格に対応する階調変換であるが，合わせてフィルムの階調特性であるいわゆる S 字特性も加味した階調変換を行うことが多い．我々がなじんできたフィルム写真は，決して被写体の忠実な色再現になっているわけではない．人間が好ましいと感じるように調整されて発展してきた面があり，「色補正」のブロックではそのような観点も含めて微妙な調整を行う．この図 5.1 は処理の概念をブロック化して示したもので，実際の DSC のフローはこれに限られるものではない．

5.2 いろいろな色再現

色再現に関してはハント (Hunt) 分類がよく知られており，その中の代表的なものを表 5.1 に紹介する．測色的色再現はいわば測定器で測ったような再現で，被写体を直接見るときも画像を見るときも，光源が同じで三刺激値 X, Y, Z も同じあることを要求する．ただし明るさの絶対値まで同じであることは求めていないので，白色点の一致と色度 x, y の一致が条件となる．

光源を同一にすることは実際上は難しい．そこで光源が異なることを許容し，

表 5.1 代表的な色再現の分類

カテゴリー	光源	目標
測色的色再現	同じ	X, Y, Z が一致（$Y=100$ に規格化），すなわち相対輝度が一致．
対応する色再現	異なる	観察光源，観察条件，輝度も異なる．順応したときに色の「見え」が一致．
好ましい色再現	異なる	肌，草，空などを「好まれる色」にする．

輝度の違いも観察条件の違いも許容し，その観察環境に順応した場合の色の「見え」が一致するようにするのが「対応する色再現」である．観察環境が異なる場合の「見え」の一致をどのようにして対応づけ，実現するかは難しい問題である．

　写真においては色再現が測定器で測ったように正しいこと，すなわち測色的に正しいことはあまり問題とされず，人の肌や青空や草木の緑が見る人に好ましく感じるように色再現されることを望ましいとする．そのような最適化の方向にそってフィルムの特性は進化してきたともいえる．DSC 画像を扱うようになって，逆にフィルムの再現がこんなにも色鮮やかで，かつ色合いも違って再現されていたのかと驚くこともある．このように，見る者が好ましいと感じるような再現を「好ましい色再現」という．フィルム写真では緑色の黒板が青みを帯びて写るなど，フィルム写真の色は実際の色と驚くほど違っていることも多い．

5.3　測色的色再現とルーター条件

　測色的色再現はどのようにすれば可能か，図 5.2 を用いてディスプレイで見る場合の測色的色再現の条件を考えてみよう．測色的色再現の具体的な例としては，太陽（測色の議論では CIE 昼光の標準の光として D65 を使う）で照らされた被写体を測色計で測定して得られた Y, x, y の値と，被写体を DSC で撮影してディスプレイに表示した場合の，表示被写体の対応部分を測色計で測定

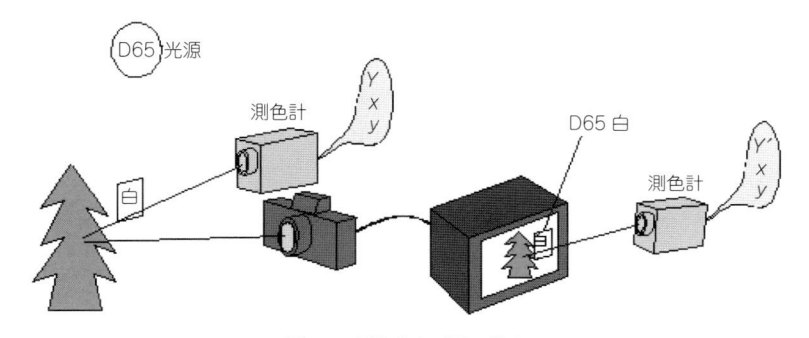

図 5.2　測色的色再現の構成

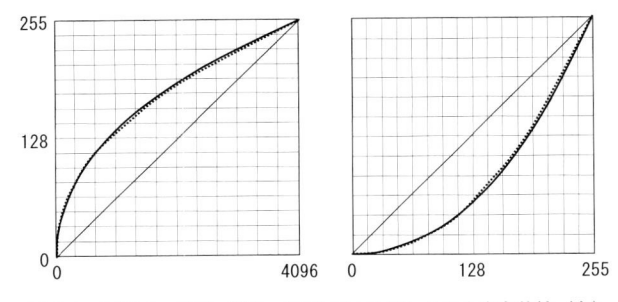

図 5.3 DSC の γ 変換（左），CRT ディスプレイの入出力特性（右）

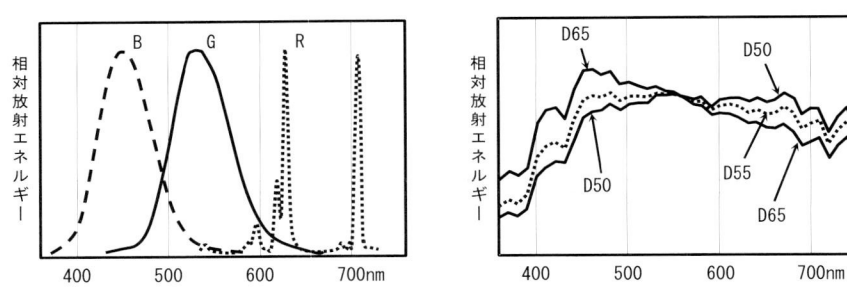

図 5.4 CRT の発光スペクトル強度（左）と昼光 D65 分光放射強度（右）
左図は CRT の 3 つの原刺激 R（点線），G（実線），B（破線）のスペクトル強度を示す．

した Y', x, y の値とで，両者の色度 x, y が一致することと考えてよいだろう．輝度の一致は求めないので光源の一致としては，ディスプレイの白色点が D65 の白に一致するようにディスプレイの R, G, B の発光強度比を調整する．ちなみに sRGB ディスプレイの白色点は D65 である．

sRGB ディスプレイは，図 5.3 右のように，入力の R, G, B 値に対してほぼ 2.2 乗の階調変換特性で与えられる強度で発光するので，DSC カメラ側では逆特性である図 5.3 左の 1/2.2 乗特性の階調変換を施して DSC から出力する．

図 5.4 左に CRT ディスプレイ 3 原色の蛍光体発光強度を示すが，図 5.4 右の昼光を代表する CIE の標準の光 D65（相関色温度 6500K）の分光放射強度とは全く違っている．しかし，ディスプレイの R, G, B 3 色の発光強度のバランスを調整することで，両者の白色点を合わせることが可能である．

しかし，光源もしくは発光体の分光放射特性が大きく異なる条件下で，白色点の色度は一致させることができたとしても，どうすれば任意の色の色度

x, y を合わせることができるだろうか．その答えを与えるのが「ルーター条件（Luther condition）」である．

「ルーター条件」とは「ディスプレイ発光の等色関数を撮像センサーの RGB 感度分布にもつカメラで撮影し，その RGB 出力でディスプレイを駆動して画像を表示すれば測色的色再現となる」というものである．

そして「ルーター条件」のより一般的表現は以下となる．

① 撮像センサーの分光感度分布が等色関数の線形変換であること．

② ディスプレイ 3 原色の等色関数相当の分光感度分布をもつ撮像センサーが受光したときに発生する 3 信号でディスプレイの 3 原色を駆動する．

撮像センサーの分光分布がそのままディスプレイ 3 原色の等色関数になっていなくても，両者の間に線形変換の関係が成り立てば，3×3 マトリクス乗算で変換ができるので問題ない．

「ディスプレイ発光の等色関数を撮像センサーの分光感度分布にもつカメラで撮影しそのディスプレイで表示する」ことができれば一番直接的である．そのためには図 5.5(a) に示す sRGB ディスプレイの等色関数そのものを感度分布とする撮像センサーを使うのが理想的である．しかしこの場合は，感度分布にマイナス成分をもつことになり，これをそのまま撮像センサーとして実現することはできない．

実際的には，測色的色再現を実現するためには負値を取らない等色関数を探し，そのような感度分布のセンサーを使えばよい．そのような負値を取らない等色関数とディスプレイ発光の等色関数図 5.5(a) とは 3×3 マトリクスで相互に変換可能であり，そのセンサーからの RGB 出力も 3×3 のマトリクスで sRGB 相当の感度分布図 5.5(a) をもつ仮想的なセンサーからの出力に変換可能である．このような負値を取らない等色関数としては，図 5.5(b) のような目の分光感度に相当する LMS 分光感度分布や，図 5.5(c) のような XYZ 表色系の等色関数 $\bar{x}(\lambda), \bar{y}(\lambda), \bar{z}(\lambda)$ がある．あるいは，図 5.5(d) のように，図 5.5(c) の $\bar{x}(\lambda)$ の短波長側の小山を削り $\bar{z}(\lambda) ×$ 係数で代用しても近似的には問題はないだろう．

このように負値を取らない等色関数と等しい分光感度分布の撮像センサーで撮影し，その結果の出力に 3×3 のマトリクスを乗じて，ディスプレイ発光の

110   5. カメラの色処理

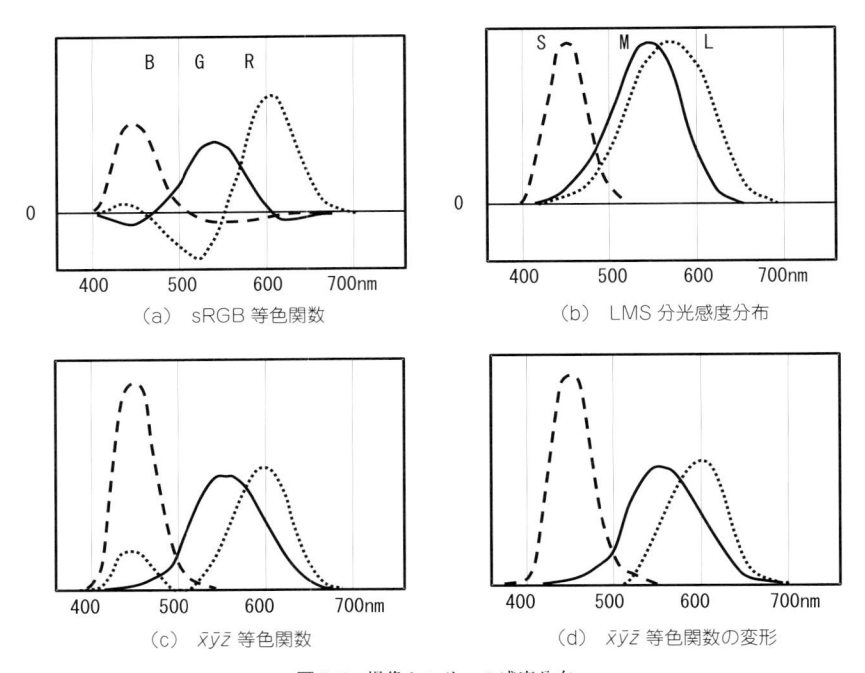

(a) sRGB 等色関数

(b) LMS 分光感度分布

(c) $\bar{x}\bar{y}\bar{z}$ 等色関数

(d) $\bar{x}\bar{y}\bar{z}$ 等色関数の変形

図 5.5 撮像センサーの感度分布

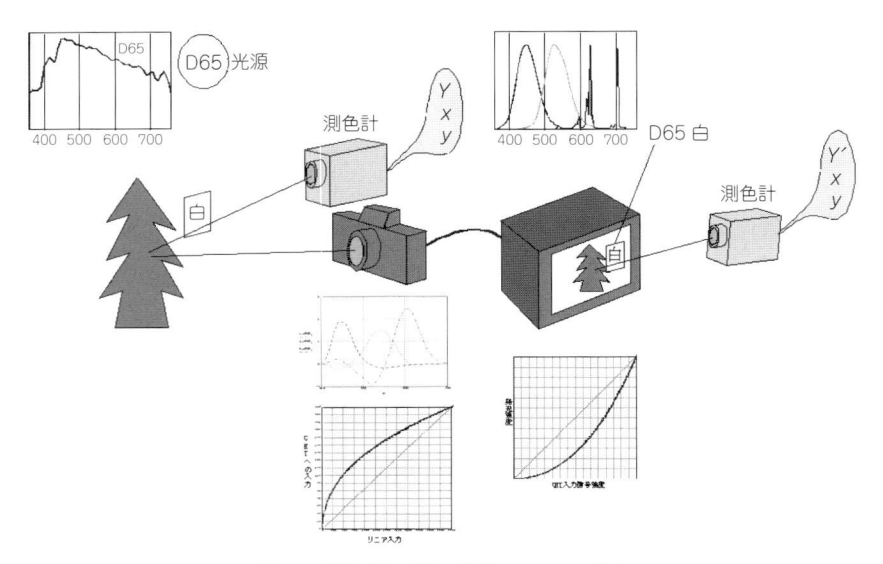

図 5.6 測色的色再現の撮像システムの構成

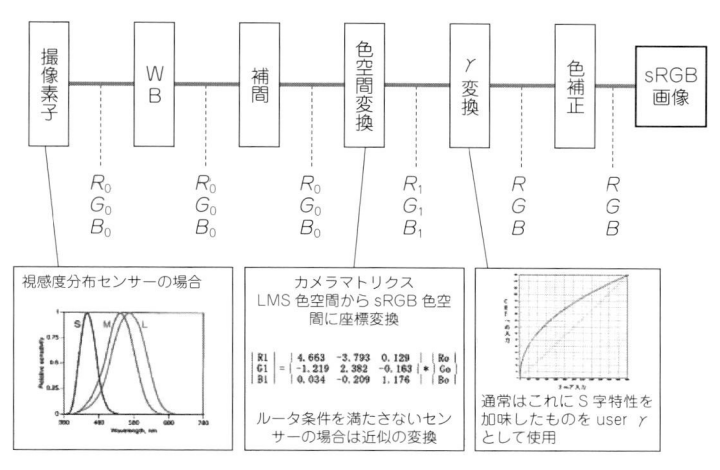

図 5.7 視感度分布センサーを使った場合の測色的色再現処理の流れ

等色関数をセンサーの感度分布にもつ撮像センサーの出力に変換し，これを用いてディスプレイを駆動することで測色的色再現が原理的に可能となる．

たとえば，LMS の感度分布のセンサー出力 R_0, G_0, B_0 を sRGB の等色関数に相当するセンサー出力 R_1, G_1, B_1 に変換するには，以下のようにすればよい．

$$\begin{bmatrix} R_1 \\ G_1 \\ B_1 \end{bmatrix} = \begin{bmatrix} 4.663 & -3.793 & 0.129 \\ -1.219 & 2.382 & -0.163 \\ 0.034 & -0.209 & 1.176 \end{bmatrix} \begin{bmatrix} R_0 \\ G_0 \\ B_0 \end{bmatrix} \tag{5.1}$$

これまで議論した内容を整理して，測色的色再現システムの原理図をまとめると図 5.6 となる．図 5.6 で太陽に D65 と表記しているが，実際の昼の太陽の分光分布と D65 の分光分布とは全く同一ではなく，概念を示す図としてご理解いただきたい．また視感度分布センサーを使った場合の測色的色再現処理の流れをまとめると図 5.7 となる．

5.4 カメラの色再現

いろいろな色再現の項で述べたように，写真として求められているのは測色的色再現ではない．求められているのは，撮影者にとって「見え」が一致するような「対応する色再現」，あるいは人肌や青空や草木の緑が好ましく再現さ

れる「好ましい色再現」であろう．

5.4.1 実際のカメラの色再現

DSC 撮像に用いるイメージセンサーの RGB 感度分布の例（太線）と sRGB 等色関数（細線）とを重ね描きしたものを図 5.8 に示す．このようにイメージセンサーの RGB 感度分布は sRGB 等色関数に一致する形にはなっていない．最大の相違は，sRGB 等色関数における負の感度部分が実際のセンサーでは実現不可能なことであり，R の感度分布でその乖離は大きい．

DSC の RGB 感度分布は等色関数にはなっていないので，DSC の RGB 感度分布と sRGB 等色関数は 3×3 のマトリクスで相互に正確に移り変わることはできない．そこで実際の DSC では，両者のマッチングを行うために，以下に述べる近似的な手法が採用される．

(1) 第 1 の方法は RGB 分光分布を最適フィッティングするマトリクスを探す方法．

(2) 第 2 の方法は多数の色パッチを撮影した結果で誤差最小となるマトリクスを探す方法．

実際的にはマクベスチャートや各種のカラーチャートを使って，重要な色や

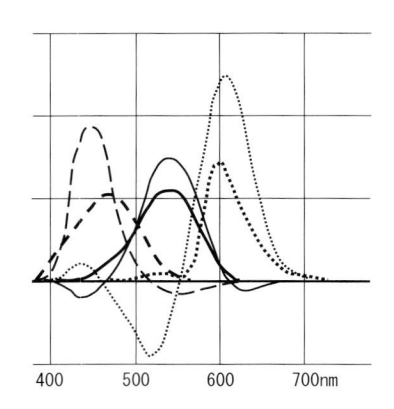

図 5.8 イメージセンサーの RGB 感度分布（太線）と sRGB 等色関数（細線）
点線は R，実線は G，破線は B の感度分布を示す．

頻度の高い色を中心に，Lab 色空間などの均等色空間で誤差が最小なるようにマトリクスを探すとか，最適な対応関係を与える LUT（ルックアップテーブル）を求めることが行われる．

5.4.2　色再現とノイズ

イメージセンサーの感度分布が等色関数になっていることが，測色的な色再現を行う上で重要である．しかし，現実の装置ではノイズが必ず存在している．ノイズが多い場合は，これが必ずしも最適な方法ではないことが知られている．一般にノイズの多い撮像システムでは，RGB カラーセンサーの感度分布の幅が狭い方が色再現において有利なことが指摘されている[1]．

5.5　ホワイトバランス

人は色順応により無意識的に光源の違いを補正して見ている．白いワイシャツは太陽光の下でも蛍光灯の下でも白熱灯の下でも白く見える．この機能をカメラに組み込んだものがホワイトバランス（white balance：WB）である．図 5.9 に見るように 2856 K の黒体輻射は長波長側の強度が強く，10000 K の黒体輻射は短波長側の強度が強く，5000 K 前後ではほぼフラットな光強度分布である．それぞれの場合における RGB 感度の大きさをみると，図 5.10 のとおりである．

WB 処理は，光源に応じて R 出力に補正の R ゲインを乗じ，B 出力に補正の B ゲインを乗じることで，RGB 出力が標準的色温度（たとえば昼光）の照

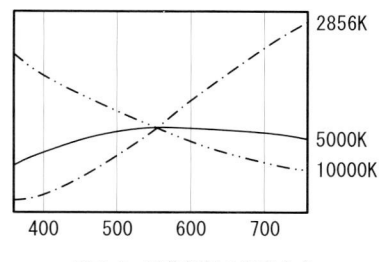

図 5.9　黒体輻射の強度分布

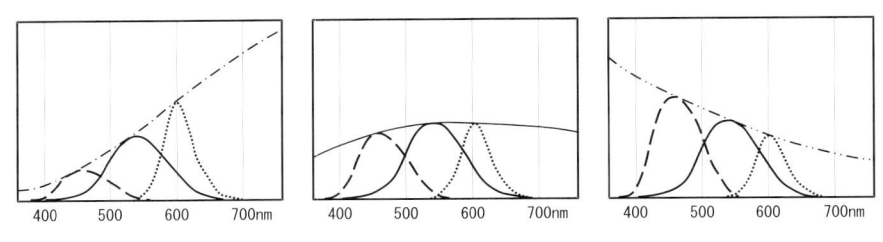

図 5.10 光源依存の波長別強度分布とセンサーの感度変化
点線は R，実線は G，破線は B の応答（白色反射物に対する）．

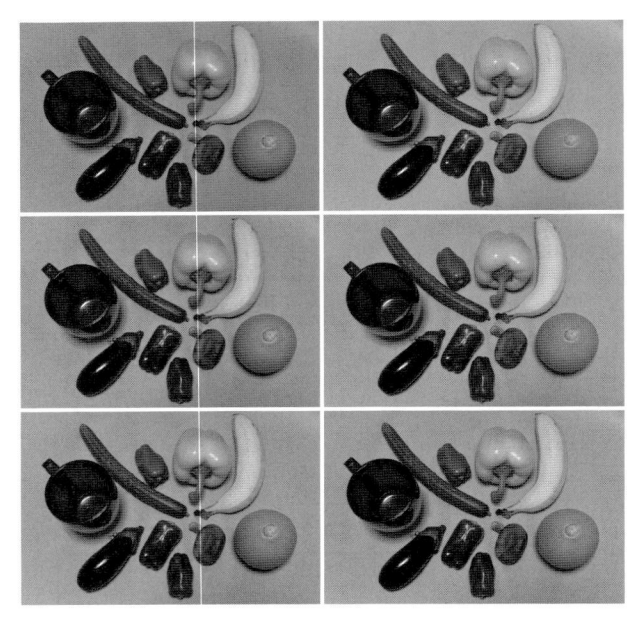

図 5.11 デジタルスチルカメラのホワイトバランス設定 [口絵参照]
同一照明において，右上から時計回りに，カメラのホワイトバランス設定を 9000 K, 6500 K, 5500 K, 5000 K, 4000 K, 3000 K に変更して撮影したもの．

明下における RGB 出力に近づくように調整する処理である．

室内蛍光灯照明下，デジタルスチルカメラの WB 設定を 9000 K, 6500 K, 5500 K, 5000 K, 4000 K, 3000 K と変更した場合の撮影画像を図 5.11 に示す．WB 設定色温度が高い場合は R ゲインを増して B ゲインを減らし，WB 設定色温度が低いと R ゲインを減らして B ゲインを増すようにして絵作りされて

いる．

　WB補正には大別して2通りの考え方がある．光源が変わっても，あたかも昼光下で見たかのように補正するもの，すなわち照明光源の特性を完全に取り去るように補正するのが完全順応に対応する考え方である．他方，その光源の雰囲気を残すために補正を弱めに施すのが不完全順応に対応する考え方である．

　文書コピーなどのように，どんな光源下の複写でも白は白に表現したい場合には，完全順応型が向いている．しかし，このような完全順応型の補正をすると，夕景はその雰囲気を失ってしまうことも多い．この場合，雰囲気を残したWBの取り方が求められ，完全には補正しない不完全順応型のアプローチが求められる．ちなみに人の順応は光源の雰囲気を感じとるという意味で不完全順応型であるといえよう．また写真表現上の観点から，撮影の状況や被写体に応じて意図的にWBを変更した絵作りが行われることもある．

5.6　DSCの画像加工

　単板撮像素子（ベイヤー配列が多い）から出力される1画素1色の現像されていない画像データを，RAW（画像）データと呼ぶ．このRAWデータに対するデジタル画像処理（「デジタル現像」）として，ホワイトバランス，補間，色空間変換，階調変換などが施される．こうして「デジタル現像」されたRGB画像はディスプレイで表示することができる．

　写真画像としての見栄えをよくするためには，さらに，階調の加工（S字特性），好ましい色と彩度の加工，ノイズ処理，鮮鋭度を高める処理（γ調整やエッジ処理），各種の収差補正処理などが行われる．完成した画像はカメラの背面モニターに表示されるとともに，JPEG圧縮されてメモリーに記録される．

5.6.1　YCrCb変換

　RGB色空間の拡張色空間として，輝度と色差で表すYCC色空間があり，次のような変換として定義される．

$$Y = \alpha R + \beta G + \gamma B, \quad Cr = R - Y, \quad Cb = B - Y \tag{5.2}$$

ここで，Y：輝度，Cr, Cb：色差である．さらにこれから $C=\sqrt{(Cr^2+Cb^2)}$：彩度，$\theta=\tan^{-1}(Cb/Cr)$：色相が求められる．

画像処理の過程では，R, G, B を直接操作するより，Y, Cr, Cb を用いたほうが扱いやすい場合がある．また，画像圧縮を行う場合には，自然画像データの分布が，多くの場合彩度の低い Y 軸近傍に集中することから，YCC 色空間は符号化効率のよい色空間でもある．

このようにして定義される YCC 空間は，ベースとなる RGB 空間が異なれば別の YCC 空間であり，輝度 Y を計算する際の係数 α, β, γ の値は表 4.10 を見ればわかるように，RGB 空間の種類によってその値が変わってくる．ただし JPEG 圧縮の際には，画像データがどの色空間で記述されていても，NTSC 色空間の係数 $\alpha=0.2990$, $\beta=0.5870$, $\gamma=0.1140$ が機械的に使われる．この場合は輝度 Y を計算することが目的ではなく，圧縮のための形式的な使用であり，圧縮の解凍における逆変換でもとに戻るのでとくに問題はない．

5.6.2 sYCC 色空間

拡張色空間としての sYCC は，sRGB 規格への追加として，2003 年に定義されている（IEC 61966-2-1 Ammendment1）．sRGB が CRT ディスプレイの色域を表現することを目的に定義されたのに対して，sYCC は sRGB 色域でカバーできないプリンターなどの出力装置の色域をカバーする目的で規格化された．この規格で定義された内容は以下のとおりである．

まず XYZ 色空間の三刺激値 X, Y, Z から sRGB 色空間での RGB 値，R_{sRGB}, G_{sRGB}, B_{sRGB} を算出し，これに約 1/2.2 乗（厳密には原点近傍は線形で他は 1/2.4 乗）の指数変換を施して階調圧縮した，R'_{sRGB}, G'_{sRGB}, B'_{sRGB} を算出する．この値を YCC 変換することにより，sYCC は以下のように算出される．

********* CIE 1931 XYZ から sYCC へ変換 *********

$$\begin{bmatrix} R_{\text{sRGB}} \\ G_{\text{sRGB}} \\ B_{\text{sRGB}} \end{bmatrix} = \begin{bmatrix} 3.2406 & -1.5372 & -0.4986 \\ -0.9689 & 1.8758 & 0.0415 \\ 0.0557 & -0.2040 & 1.0570 \end{bmatrix} \begin{bmatrix} X \\ Y \\ Z \end{bmatrix}$$

if $R_{\text{sRGB}}, G_{\text{sRGB}}, B_{\text{sRGB}} = < -0.0031308$

$R'_{\text{sRGB}} = -1.055 \times (-R_{\text{sRGB}})^{1/2.4} + 0.055$

5.6 DSCの画像加工

$$G'_{sRGB} = -1.055 \times (-G_{sRGB})^{1/2.4} + 0.055$$
$$B'_{sRGB} = -1.055 \times (-B_{sRGB})^{1/2.4} + 0.055$$

if $\quad -0.0031308 =< R_{sRGB}, G_{sRGB}, B_{sRGB} =< 0.0031308$

$$R'_{sRGB} = R_{sRGB} \times 12.92$$
$$G'_{sRGB} = G_{sRGB} \times 12.92$$
$$B'_{sRGB} = B_{sRGB} \times 12.92$$

if $\quad R_{sRGB}, G_{sRGB}, B_{sRGB} > 0.0031308$

$$R'_{sRGB} = 1.055 \times (R_{sRGB})^{1/2.4} - 0.055$$
$$G'_{sRGB} = 1.055 \times (G_{sRGB})^{1/2.4} - 0.055$$
$$B'_{sRGB} = 1.055 \times (B_{sRGB})^{1/2.4} - 0.055$$

$$\begin{bmatrix} Y'_{sYCC} \\ Cb'_{sYCC} \\ Cr'_{sYCC} \end{bmatrix} = \begin{bmatrix} 0.2990 & 0.5870 & 0.1140 \\ -0.1687 & -0.3312 & 0.5000 \\ 0.5000 & -0.4187 & -0.0813 \end{bmatrix} \begin{bmatrix} R'_{sRGB} \\ G'_{sRGB} \\ B'_{sRGB} \end{bmatrix}$$

$$Y_{sYCC(8\,bit)} = (255 \times Y'_{sYCC})$$
$$Cb_{sYCC(8\,bit)} = (255 \times Cb'_{sYCC}) + 128$$
$$Cr_{sYCC(8\,bit)} = (255 \times Cr'_{sYCC}) + 128$$

ここで X, Y, Z から算出された $R_{sRGB}, G_{sRGB}, B_{sRGB}$ は負値をとることもあるので，指数変換では負の側について正の側を対称に折り返した特性の変換を適用する．このような変換なので sYCC 色空間内の sRGB 色域境界近傍の変化は

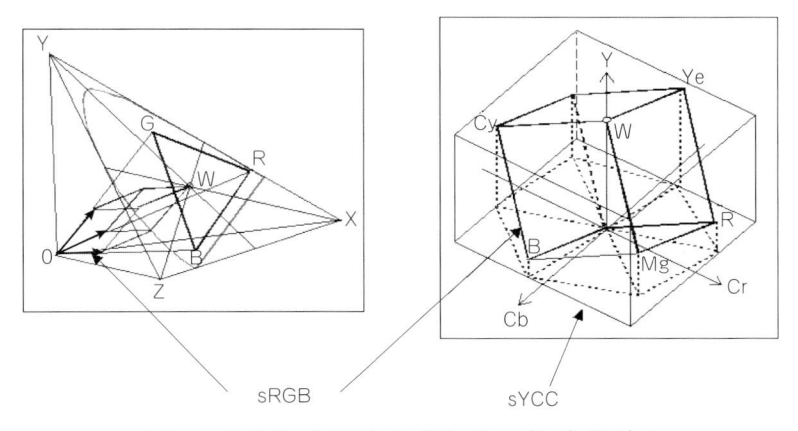

図 5.12 XYZ軸の色空間表示と輝度YCrCb軸の色空間表示

一様ではなく，この空間での回転には注意が必要である．

3次元 XYZ 色空間において sRGB 色空間の RGB ベクトルが張る部分空間である色立体の様子を図 5.12 左に示す．sRGB の表現できる色域はこの六面体の内部に限られる．また，Y 軸と Cr, Cb を3軸とする YCC 空間（外接直方体）における sRGB 領域（内接六面体）を図 5.12 右に示す．

図 5.12 に見るように，YCC 空間において sRGB 色立体に外接する領域を定義したものが sYCC であり，sYCC では sRGB 色域の外側領域のデータを扱うことが可能である．sYCC 規格は，プリンター色域が有する sRGB ではカバーできない外側の色域を活用する目的で導入され，Exif 2.2 でデジタルカメラ画像のフォーマットとして公式にサポートされた．

5.6.3 xvYCC 色空間[2,3]

sYCC 色空間の周りにさらに領域を拡張した，xvYCC 色空間の規格が定められている．XYZ との変換は次のように定義されている．

＊＊＊＊＊＊＊＊＊　CIE 1931 XYZ から xvYCC へ変換　＊＊＊＊＊＊＊＊＊

$$\begin{bmatrix} R_{sRGB} \\ G_{sRGB} \\ B_{sRGB} \end{bmatrix} = \begin{bmatrix} 3.2406 & -1.5372 & -0.4986 \\ -0.9689 & 1.8758 & 0.0415 \\ 0.0557 & -0.2040 & 1.0570 \end{bmatrix} \begin{bmatrix} X \\ Y \\ Z \end{bmatrix}$$

if $|R_{sRGB}|, |G_{sRGB}|, |B_{sRGB}| = <0.018$

$\quad R'_{sRGB} = R_{sRGB} \times 4.50$

$\quad G'_{sRGB} = G_{sRGB} \times 4.50$

$\quad B'_{sRGB} = B_{sRGB} \times 4.50$

if $R_{sRGB}, G_{sRGB}, B_{sRGB} > 0.018$

$\quad R'_{sRGB} = 1.099 \times (R_{sRGB})^{0.45} - 0.099$

$\quad G'_{sRGB} = 1.099 \times (G_{sRGB})^{0.45} - 0.099$

$\quad B'_{sRGB} = 1.099 \times (B_{sRGB})^{0.45} - 0.099$

if $R_{sRGB}, G_{sRGB}, B_{sRGB} < -0.018$

$\quad R'_{sRGB} = -1.099 \times |R_{sRGB}|^{0.45} + 0.099$

$\quad G'_{sRGB} = -1.099 \times |G_{sRGB}|^{0.45} + 0.099$

$\quad B'_{sRGB} = -1.099 \times |B_{sRGB}|^{0.45} + 0.099$

5.6 DSC の画像加工

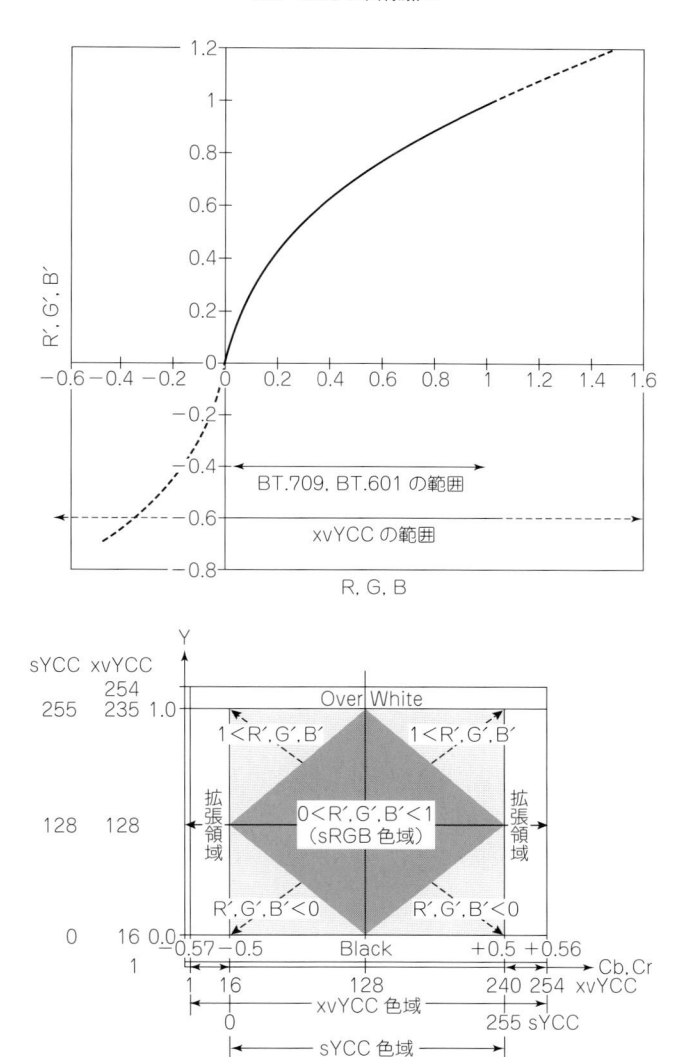

図 5.13 xvYCC 規格の光電変換特性（上）と映像信号の色域の概念図（下）[2]

$$\begin{bmatrix} Y'_{\text{xvYCC709}} \\ Cb'_{\text{xvYCC709}} \\ Cr'_{\text{xvYCC709}} \end{bmatrix} = \begin{bmatrix} 0.2126 & 0.7152 & 0.0722 \\ -0.1146 & -0.3854 & 0.5000 \\ 0.5000 & -0.4542 & -0.0458 \end{bmatrix} \begin{bmatrix} R'_{\text{sRGB}} \\ G'_{\text{sRGB}} \\ B'_{\text{sRGB}} \end{bmatrix}$$

$$\begin{bmatrix} Y'_{\text{sYCC601}} \\ Cb'_{\text{sYCC601}} \\ Cr'_{\text{sYCC601}} \end{bmatrix} = \begin{bmatrix} 0.2990 & 0.5870 & 0.1140 \\ -0.1687 & -0.3312 & 0.5000 \\ 0.5000 & -0.4187 & -0.0813 \end{bmatrix} \begin{bmatrix} R'_{\text{sRGB}} \\ G'_{\text{sRGB}} \\ B'_{\text{sRGB}} \end{bmatrix}$$

$$Y_{\text{xvYCC}(8\,\text{bit})} = (219 \times Y'_{\text{sYCC}}) + 16$$

$$Cb_{\text{xvYCC}(8\,\text{bit})} = (224 \times Cb'_{\text{sYCC}}) + 128$$

$$Cr_{\text{xvYCC}(8\,\text{bit})} = (224 \times Cr'_{\text{sYCC}}) + 128$$

この広色域な色空間 xvYCC 規格は 2006 年に制定された（図 5.13）．sRGB 規格や sYCC 規格が静止画用として作られたのに対して，xvYCC は動画用の色空間として提案されたものである．広色域色空間としての xvYCC では表現可能な色域が大きく広がった．しかし，1 成分 8 ビットでのデジタル化の場合，網目の刻みは粗くなっており，トーンジャンプなど階調の飛びが目立ちやすくなるので注意も必要である．

5.6.4　sRGB 色空間と Adobe RGB 色空間

DSC の出力空間には，sRGB 色空間か Adobe RGB 色空間が使用されることが多い．そこで両色空間の色域の大きさを比べてみよう．

xy 色度図上に，CIE RGB の原色点（$\lambda = 700, 546, 435$ nm）の座標と，sRGB と Adobe RGB の色域を表示したものを図 5.14 に示す．図中の丸番号の位置はマクベスチャートの色度座標である．この 2 次元的 xy 色度図に表現された

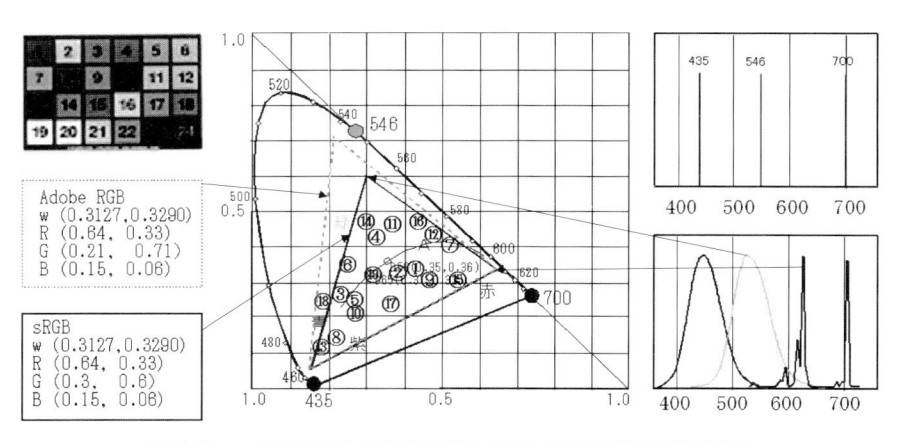

図 5.14　xy 色度図上の sRGB 色空間と Adobe RGB 色空間の色域比較

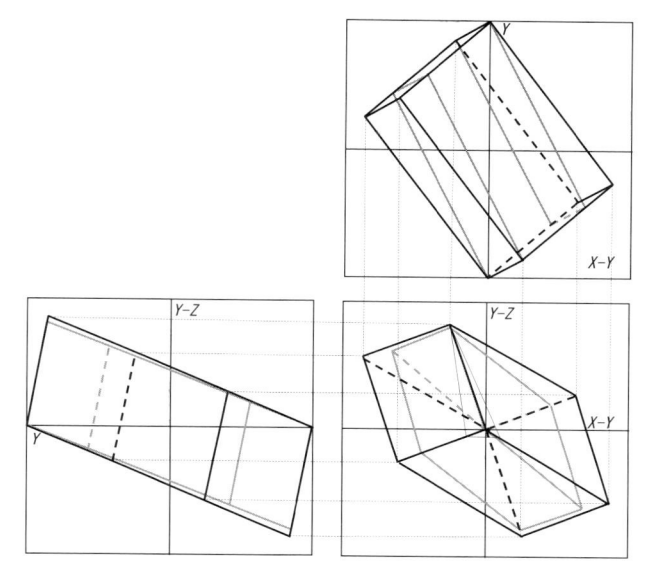

図 5.15 sRGB 色空間（グレー線）と Adobe GB 色空間（黒線）の 3 次元色域比較（輝度色差空間）

色域表示を見ると，sRGB と Adobe RGB では，緑領域で色域の広がりが異なっている．

しかし，両者の色域の正しい相違は図 5.15 の 3 次元表示で見る必要がある．図は Y, $X\text{-}Y$, $Z\text{-}Y$ を 3 軸とする空間に sRGB と Adobe RGB の色域を重ねて表示したものである．おおむね $(X\text{-}Y)$ 軸は（赤-緑）軸，$(Y\text{-}Z)$ 軸は（黄-青）軸と考えれば，赤の高輝度・高彩度領域と，青緑の低輝度・高彩度領域が Adobe RGB では拡張されている．すなわち Adobe RGB では，シアン方向と赤の高輝度高彩度方向に色域の拡大が認められる．

5.6.5 各色空間における色の含有率

標準の色空間である sRGB に始まり，より広域化した色空間である Adobe RGB，sYCC，xvYCC などの色空間について説明してきた．それぞれの色空間が，実際に存在する表面色や，いろいろなメディアの色域に対する包括率が CIE/TC8-05 で検討されている．その結果を表 5.2 に示す．

ここで表面色は，Munsell Color Cuscade は 769 色，写真とインクジェット

表5.2 メディアの色域の包括率 (%)[4,5]

	表面色	写真	インクジェット	印刷	全色票
sRGB	55.80	64.20	62.40	83.90	67.50
Adobe RGB	76.50	77.00	82.40	93.40	82.90
Wide Gamut RGB	98.00	87.00	95.20	96.10	94.30
Pro Photo RGB	99.60	90.90	97.40	98.40	96.70
sYCC	94.30	93.60	95.50	98.70	95.70

は729色，印刷はJapan Colorが928色，全色票はこれらすべての包括である．印刷で使われるAdobe RGBは印刷色域の93.4%と良好な含有率である．

5.7 色相の回転

色相の回転の方法として，マトリクスによる色相回転とHSV色空間における領域境界にそった回転の方法について述べる．

5.7.1 YCrCb色空間での回転

YCrCb色空間では，Cr, Cb面で回転操作を施せば輝度Yを一定にした色相の回転を行うことができる．彩度を変更するにはCr, Cbに係数を乗ずればよい．たとえば，Crをk_1倍し，Cbをk_2倍し，色相をθだけ回転する場合は次のようになる．

$$\begin{bmatrix} Cr' \\ Cb' \end{bmatrix} = \begin{bmatrix} \cos\theta & -\sin\theta \\ \sin\theta & \cos\theta \end{bmatrix} \begin{bmatrix} k_1 Cr \\ k_2 Cb \end{bmatrix} \quad (5.3)$$

前記のsYCCの空間はリニアな空間でない．したがって，この空間で回転すると歪みが生じる．色空間の回転を行う場合は必要に応じてリニアな色空間に戻る．

5.7.2 HSV色空間

このHSV色空間はどのRGB色空間にでも当てはめることが可能で，RとGとBを均一に扱う．H：色相，S：色の飽和度（saturation），V：明度であり，RGB空間からHSV空間への変換は次のようになる[6]．

RGB 空間での R, G, B の値を r, g, b （0～255）とし，HSV 空間での H の値を h （0～359），S の値を s （0～255），V の値を v （0～255）とするとき，

$\max := r$;
$\min := r$;
if $\max < g$ then $\max := g$;
if $\max < b$ then $\max := b$;
$v := \max$;
if $\min > g$ then $\min := g$;
if $\min > b$ then $\min := b$;
$s := v - \min$;
$h := 0$;
if $s <> 0$ then
  begin
   $h := h + \text{ord}(\max = r) * (((g-b) * 60) \text{ div } s)$
   $h := h + \text{ord}(\max = g) * (((b-r) * 60) \text{ div } s) + 120$
   $h := h + \text{ord}(\max = b) * (((r-g) * 60) \text{ div } s) + 249$
  end;
if $h < 0$ then $h := h + 360$;

この変換では，色相を回転しても R, Ye, G, Cy, B, Mg を頂点とする六角形にそって回転するので，領域の外に出ることがない．

5.8 色 の 加 工

DSC のイメージセンサーから出力された RGB 信号は，R 画素・G 画素・B 画素の感度分布で決まる3ベクトルが張る「カメラ撮像色空間」（入力色空間）で記述された値である．DSC 出力を Exif 形式で出す場合は，出力色空間である sRGB 空間の値に変換しなければならない．DSC の現像処理を入力色空間で行うか，出力色空間で行うか，中間に作業用色空間を設けて行うか，あるいはそれぞれの色空間に適した処理を分担して行うかなどの様々な選択肢がある．普通は入力色空間と出力色空間は異なるので，少なくとも1回は色空間変

換処理が必要となる．色空間の変換は基本的にはリニアな空間で行うのが好ましい．

5.9 階調の加工

DSC 内の階調変換は，第一にはディスプレイの入出力特性である 2.2 乗特性（$y=x^{2.2}$）の逆変換として，1/2.2＝0.45 乗特性（$y=x^{1/2.2}$）で与えられる．ただし sRGB モニターの規格はおおむね $y=x^{2.2}$ に近いが，原点近傍は線形変換で定義されており，多少の違いはある．

DSC の階調変換では，他に S 字カーブと呼ばれる付加的な階調処理が加えられることが多い．これはフィルムの調子に近づけて写真としての見栄えをよくすることが目的である．入力側である被写界のダイナミックレンジが広いのに比べて，ディスプレイやプリンターなど出力装置のダイナミックレンジは相対的に狭い．そこで非常に明るいハイライト部分はニー（knee）特性をもたせて変換の傾きをゆるやかにし，暗部についてはノイズを目立たせないために，あるいは写真表現の意図から黒締めをすることがある．

色空間の変換はマトリクス乗算で行い，階調の変換は色ごとに 1 次元 LUT（ルックアップテーブル）で行うことができるが，変換前の格子点と変換後の対応点の関係を記述した 3 次元 LUT を用いて，中間値は補間演算で計算する方法もある．

ここでは詳述しないが，様々な特徴をもつ階調の変換アルゴリズムもよく用いられる．たとえば，レントゲン画像の処理などでよく知られるヒストグラム均等化法，眼の視覚特性を参考にした Retinex 法，現像の覆い焼きやフィルムの重層効果を参考にした変換方法など，様々な階調変換処理がソフトウェアのアルゴリズムで実現可能なのがデジタル現像処理の特長である．

5.10 ノイズ特性

5.10.1 ノイズ除去の方法

撮像素子からの出力は，信号成分にノイズの混じったものである．ノイズ

除去のための最も簡単な方法は，加重加算フィルターを用いて画像にコンボリューションを行うことで，いわゆるぼかしのフィルターを使う方法である．たとえば加重加算フィルターとしては隣接3項に重み（0.25, 0.5, 0.25）とか，隣接5項に重み（0.1, 0.2, 0.4, 0.2, 0.1）で加重加算するとか，いろいろなフィルターを試すことができる．このような1次元フィルターを縦横2回に分けてかける方法もあるし，縦横分離ができない2次元フィルターで画像とコンボリューションをとる方法もある．このような方向均一なフィルターを使うかわりに，画像の構造を判定して，類似性の高い方向（線やエッジの境界方向）に平滑度の高い異方性フィルターを工夫することもある[7]．

ランダム性の高いノイズを除去するのに有効な方法として，メディアンフィルターが知られている．メディアンフィルターは，着目した画素の値を，その画素を取り囲む所定の範囲を決めて，その範囲でのメディアン値（大きいものから順に並べたときの中央値）におきかえるものである．このメディアンフィルターは突発的な点欠陥ノイズの除去に効果を発揮するが，特定の構造パターンに対しては，その構造を破壊する作用も有するので，使い方に注意が必要である．

RGBカラー画像に対してノイズの除去を行う場合，R面，G面，B面にそれぞれに行うこともできるが，画像を$YCrCb$（あるいは$L^*a^*b^*$）に変換して，構造情報の多いY面は非加工もしくは弱いノイズ除去に止め，Cr, Cb面に相対的に強めのノイズ除去をかけて，鮮明感の低下を少なく抑えて効率よくカラーノイズを除去することが可能である．

5.10.2 ノイズ除去と解像感

ノイズ除去を実施すると，必ず微細な構造を平滑化して消してしまう．ノイズ除去を優先するか，構造を残すことを優先するかは難しい問題である．ノイズの影響は被写体の種類によって異なり，処理の目的や人の嗜好によっても異なる．また観察距離に依存して，目の分解能によるフィルター作用も違ってくる．これらの諸点を考慮して，バランスのよい処理を考える必要がある．

ノイズ除去のフィルター処理によって，画像の高周波成分は減少する．これを補償するために輪郭を強め高周波成分を持ち上げるフィルターが用いられ

る．これにより，明確なくっきりした輪郭のある見栄えのする画像が得られる．しかし，この処理は過度に適用すれば写真としての立体感を損ない平板的な画像を作る．

5.10.3 ノイズと分光感度特性

色再現には，イメージセンサーのRGB分光感度分布の形の他にノイズ量も関係がある．測色的な色再現のためには，ルーター条件を満たす分光感度分布が望ましいことを述べた．しかしノイズが多い系では分光分布の幅が広いセンサーを用いるより，感度分布の幅の狭いセンサーを用いる方が好ましいという報告がある[1]．ノイズが非常に多い場合は正確な色の再現は難しくなるが，感度分布の幅の狭いセンサーの場合は色成分がノイズに埋もれて分離不可能になりにくいことで色情報が残り，高ノイズ系でもカラー画像としての特徴を保持できるという．ノイズレベルの増加に伴うノイズの影響を緩和するために，分光感度分布をシャープにするとともに，ピーク感度は等間隔に分離するのがよいとする報告もある[1]．ノイズを考慮しない分光感度の最適化はノイズレベルが高くなるとノイズの影響を受けやすくなる．

カラーフィルターの種類として，補色YCMGフィルター，3原色RGBフィルター，原色系4色RGBEフィルター（Eはエメラルド色）の3種を用い，色再現性とノイズ量を別個に評価した報告がある[4,8]．そこで各色フィルター

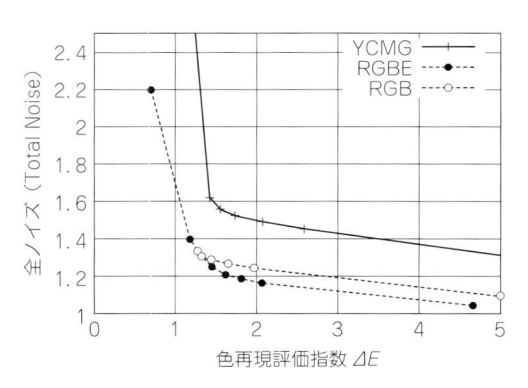

図 5.16　各色フィルターにおけるノイズ特性（縦軸）と色再現性（横軸）[2,5]

における全ノイズ（縦軸）と色再現性を示すマクベス24色色差平均で求めた色再現評価指数 ΔE（横軸）の関係を調べた結果を図5.16に示す.

いずれも値が小さい方が性能良好だが，これから補色YCMGの軌跡は3原色フィルターの軌跡より大きく右上方向に寄っており，ノイズ特性的に不利であることが確認できる．これは一般的に用いられる補色フィルターは，各分光感度の重なりが大きいために，色を分離するための行列係数が大きくなってしまい，その結果として色ノイズが増大してしまうためである．また，3原色系と4原色系の比較では，図に見るように原色系の3色より4色の方が色再現には優位であるとしている.

5.11 収 差 補 正

収差性能のよい撮影レンズで被写体像を撮像素子面に形成するのが理想であるが，レンズの小型化と低コスト化のために，画像処理による収差補正を活用することでレンズ設計の負担を軽くすることが求められることがある.

収差補正のうちで比較的容易かつ有効なのは，周辺減光の補正と歪曲収差の補正である．周辺減光の補正はその特性データを用いて画素ごとに補正ゲインを掛けることで容易に実現できる．歪曲収差補正についても歪曲の特性データにもとづく数学変換で実現できる．ただしフィルター処理を伴う画像処理では，それによる鮮明度の低下が必ず発生する.

デジタル画像で一番目立つのは色収差であり，これは軸上色収差と倍率色収差に分けられる．軸上色収差はRとGとBでそれぞれの最も鮮鋭な像面が，光軸方向に数十 μm 違うために発生する現象で，これは対処が非常に難しい．倍率色収差は，像面内の横倍率がR面，G面，B面で異なるために生じるもので，画面の周辺ほど像境界の色ずれが大きくなり，境界に色にじみとなって現れる．最近ではG面の画像とR面やB面の画像とのずれを求め，これを補正する技術が開発されるなど，倍率色収差に関しては著しい改善が見られる[9].

5.12 JPEG 圧 縮

JPEG（joint photographic expert group）は静止画の符号化方式である．JPEG にはカラー画像を符号化する場合の色変換規定は含まれていない．視覚特性が輝度成分に敏感で色差成分に鈍感な性質を利用して，RGB 画像を YUV（YCbCr）画像に変換して符号化することで圧縮効率を高めている．圧縮のフローは図 5.17 の 3 ステップである．

第 1 ステップの RGB から YUV への変換は次式で与えられる．

$$Y = 0.2990R + 0.58790G + 0.1140B$$
$$U = -0.1684R - 0.3316G + 0.5000B$$
$$V = 0.5000R - 0.4187G - 0.0813B$$

Y はそのままだが，U と V については色差間引きを行い圧縮率を高めている．間引き方法は $Y:U:V$ の割合が，4:4:4，4:2:2，4:1:1 の 3 通りがある．

第 2 ステップでは，画像を 8×8 画素単位のブロックに分け，各ブロックごとに DCT（discrete cosine transform）を施して周波数空間に移る．画像には低空間周波数成分が多く含まれ，高空間周波数成分が少ないので，低周波数成分にウエイトを高くした（量子化の刻みを細かくした）8×8 量子化テーブルを作成し，これを用いて量子化を実行して圧縮効率を高めている．さらにこれを低周波側から 2 次元にジグザグスキャンすることでデータを 1 次元化する．こうすると後半部分の高次成分は 0 が並び圧縮効率がよい．

第 3 ステップでは，こうして 1 次元化されたデータをエントロピー符号化する．JPEG のエントロピー符号化として採用されているハフマン符号化は，輝度成分と色差成分のそれぞれに対して DC 差分用と AC 差分用の符号化テーブルをもち，これを用いて符号化する．このエントロピー符号化はロスレスであ

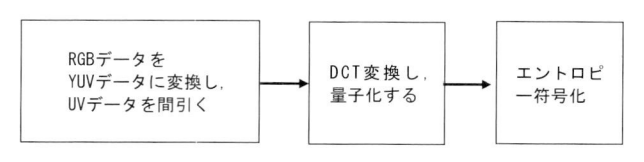

図 5.17 JPEG 圧縮の流れ

るが，エントロピー符号化前までの処理では圧縮に際して，もとの情報が一部失われている．

　解凍は圧縮の逆のプロセスとなる．圧縮率が高くなるほど，再生画像の画質は劣化し，JPEG特有のノイズが現れる．主なものとして8×8画素単位にブロック状の構造が現れるブロックノイズと，急峻なエッジや線の周辺にもやもやとした構造となって現れるモスキートノイズがある．詳細は圧縮の専門書籍を参照していただきたい[10]．

文　　献

1) 嶋野法之：測色的評価モデルを用いた最適分光感度，カラーフォーラム JAPAN2003（2003）．
2) 中枝武弘：動画用広色域色空間の新規格，映像情報メディア学会誌，Vol. 60，No. 11，pp. 1749-1754（2006）．
3) 染谷　潤，他：動画用拡張色空間 xvYCC と信号処理回路の検討，IDY2006-75（2006）．
4) 加藤直哉：4色CCDカメラおよびその色再現・色管理技術，日本写真学会誌，Vol. 67，pp. 14-16（2004）．
5) CIE TC8-05 Technical Report（2004）．
6) エキスパートギグ開発室：Delphi 魔法の TIPS．エキスパートギグ（2001）．
7) 高木幹雄，下田陽久監修:新編画像解析ハンドブック，p. 539，東京大学出版会（2004）．
8) 水倉貴美，加藤直哉，西尾研一：ノイズを考慮したCCDカラーフィルターの分光感度の評価方法，カラーフォーラム JAPAN2003（2003）．
9) 宇津木暁彦：デジタル一眼レフカメラの倍率色収差補正技術，$O\ plus\ E$，Vol. 30，No. 10，pp. 1055-1060（2008）．
10) 小野定康，鈴木純司：わかりやすい JPEG/MPEG2 の実現法，p. 64，オーム社（1995）．

6
カラーマネジメント

　色彩画像に関する入力機器としてのデジタルスチルカメラ（DSC）やスキャナー，出力機器としてのディスプレイやプリンターなどの様々な画像機器が接続されたシステムにおいて，色再現を保証するためには色彩信号の受け渡しに取り決めが必要である．

　本章では，このようなカラーマネジメントの問題から始めて，画像のフォーマットや色の見えの問題に言及する．

6.1 カラーマネジメント（CMS）の思想

　機器間におけるカラー画像データの授受には2つの方法がある．第一の方法は，記述する色空間を標準規格で規定するものであり，具体的には sRGB 規格，scRGB 規格，sYCC 規格，xvYCC 規格，opRGB 規格（Adobe RGB）など，多数の規格が存在する．

　現在，DSC の出力色空間で最も基本となっているのは sRGB 色空間である．sRGB 色空間は PC やインターネットを中心としたマルチメディアの分野における，CRT ディスプレイ上での色再現を念頭に標準の色空間として作られた．この色空間は当初ヒューレット・パッカード社とマイクロソフト社から共同で提案され，1999 年に IEC（国際電気標準会議）から国際標準 sRGB 規格として発行され，その正確な規格名は "Default RGB Colour Space-sRGB" である[1]．この規格は数式で簡単に表現されているため，扱いやすく汎用性も高いが，機器側でこれらの標準にあわせて機器設計を行う必要がある．機器によってはそのカバーする色域の全域を表現しきれないという問題も生じている[2]．

第二の方法は，その画像データの表現に使われた色空間の情報をプロファイルとして画像データと別に用意するもので，具体的には ICC プロファイルがある．ICC は International Color Consortium の略称で，Apple, Adobe, Microsoft, Silicon Graphic, Sun, Taligent, Agfa, Kodak の 8 社により 1993 年に設立された．sRGB がシンプルで広く受け入れられやすい反面，フレキシブルではないのに対して，ICC はフレキシブルなカラーマネジメントの方法を提供するが，付加的な計算処理を必要とするため PC を用いた画像処理を行わなければならない．

6.2 sRGB 標準規格を用いたカラーマネジメント

現在の DSC の標準出力は sRGB（IEC61966-2-1）であり，一般に普及している画像データは，暗黙のうちに sRGB 画像として扱われる（図 6.1）．

sRGB 標準ディスプレイは CRT ディスプレイの特性を基本に作られたものである．sRGB 規格では sRGB 標準画像表示ディスプレイの特性とその標準視環境を，それぞれ表 4.5，表 4.6 のように定めている．

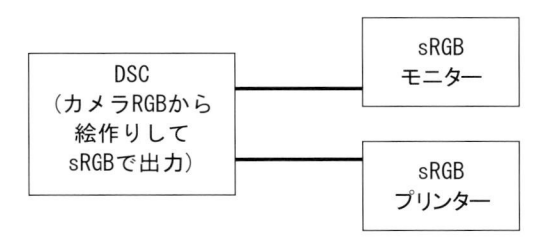

図 6.1 標準色空間としての sRGB

6.3 ICC プロファイルを用いたカラーマネジメント

ICC の規格では，連結する画像機器デバイスの中間に，個々のデバイスに依存しない色空間としてプロファイルコネクションスペース（profile connection space：PCS）を設け，機器独立色再現（device independent color reproduction）

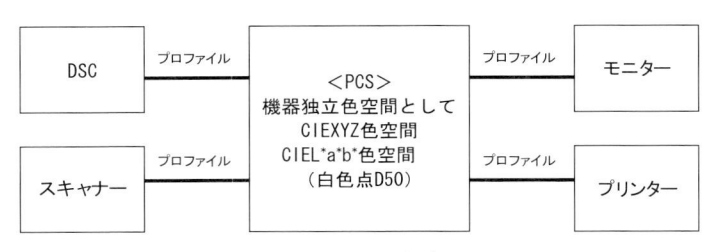

図6.2 ICCの概念

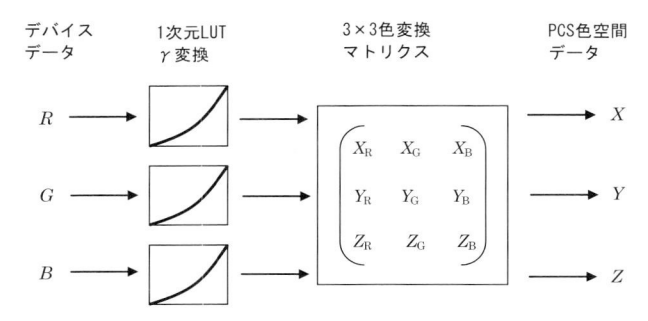

図6.3 プロファイルを用いた色変換（PCSがXYZ色空間の場合）

を実現し，機器間の色再現を最適化しようとするものである．その概念を図6.2に示す．このPCS空間はCIE XYZ色空間もしくはCIELAB色空間を前提としており，前者はおもにディスプレイ用，後者はおもにハード出力（プリント）用を念頭においている．照明光源はD50とする．

ICCプロファイルの構造は，ヘッダ部，タグテーブル部，タグエレメントデータから構成される．ヘッダ部には，プロファイルのサイズ，種類，デバイスの色空間，PCSの種類，作成日時，メーカー名，照明光のXYZ値などが記録されている．タグテーブルにデータの格納場所とサイズが記録され，タグエレメント部にタグ付けされた各データが収納されている．

一番シンプルなタグエレメントデータは，カラーディスプレイのICCプロファイルであり，R蛍光体のXYZ値，G蛍光体のXYZ値，B蛍光体のXYZ値，Rガンマ曲線，Gガンマ曲線，Bガンマ曲線から構成される．このうち前三者が3×3の変換マトリクスで記述され，後三者が3つの1次元LUTで記述される（図6.3）．

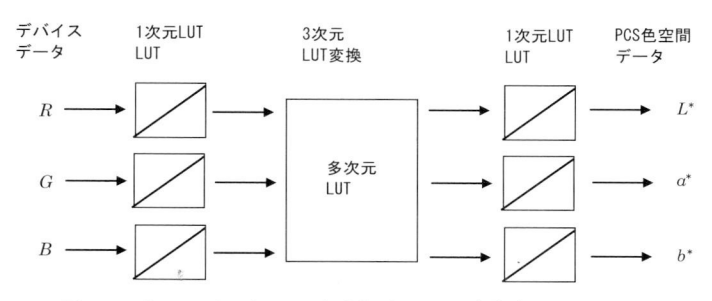

図 6.4 プロファイルを用いた色変換（PCS が L*a*b*色空間の場合）

sRGB ディスプレイはガンマ（γ）変換と 3 次元線形変換で容易に記述できるので，PCS としては XYZ 色空間を用いるのが都合がよい．他方，ハードコピーの場合は，簡単な数式で色の変換関係を記述することが難しいため，多数個の色パッチを実計測することによって作成した，3D LUT の形式で記録し，これら格子点の中間に含まれる座標値は補間により計算する．このときに用いる PCS 空間は L*a*b*である（図 6.4）．

6.4　sRGB の ICC プロファイル[3]

ICC プロファイルを理解するためには，sRGB 標準色空間の ICC プロファイル（sRGB ICC profile）を作ってみるのがわかりやすい．sRGB の提案者である Stokes が自らこれを行った論文[3]があるので，それを紹介する．

ICC プロファイルの問題点としては PCS が D50 に限定されていることや，視環境補正ができないことである．そのためディスプレイのように基準の白色点が D50 ではない装置でも，固定された D50 の PCS に変換を強制され，そのために色順応処理（chromatic adaptation method）を行わなければならない．色順応処理の方法が異なると，ICC を用いた色変換に誤差を発生させる．また，視環境（viewing conditions）の違いは，色の知覚（perception）に大きな違いを生むが，ICC のワークフローではこれに対処することはできない．

この sRGB ICC プロファイルは，XYZ PCS を使ったマトリクスプロファイルである．このモニタープロファイルは 3k バイト程度で定義できる．sRGB モニター色空間から，XYZ PCS 色空間への変換は次のようになる．

① sRGB モニター色空間から，2.2 乗相当の γ を施すことで sRGB の線形化空間である R′G′B′ 空間に変換する．正確な γ 変換式は，

$$\text{if} \quad RGB \leq 0.03928 \quad RGB'' = RGB/12.92 \quad (6.1)$$
$$\text{else} \quad RGB' = (0.055 + RGB/1.055)^{2.4}$$

② R′G′B′ 色空間から，3×3 の sRGB 変換マトリクスで，同じ D65 の白色点をもつ XYZ_{D65} 色空間に変換する．

③ XYZ_{D65} 色空間からブラッドフォード色空間に変換し，そこでの白色点変換を介して白色点を D50 に変更した XYZ_{D50} 色空間に変換する．

これで D50 の XYZ-PCS 空間への変換が完了したことになる．

ステップ②の sRGB-to-XYZ 変換マトリクスは，

$$\begin{bmatrix} X \\ Y \\ Z \end{bmatrix}_{D65} = \begin{bmatrix} 0.4124 & 0.3576 & 0.1805 \\ 0.2126 & 0.7152 & 0.0722 \\ 0.0193 & 0.1192 & 0.9505 \end{bmatrix} \begin{bmatrix} R' \\ G' \\ B' \end{bmatrix}_{D65} \quad (6.2)$$

ステップ③は式で表すと，

$$\begin{bmatrix} X \\ Y \\ Z \end{bmatrix}_{D50} = |M_{BFD}|^{-1} \begin{bmatrix} R_{W50}/R_{W65} & 0 & 0 \\ 0 & G_{W50}/G_{W65} & 0 \\ 0 & 0 & B_{W50}/B_{W65} \end{bmatrix} |M_{BFD}| \begin{bmatrix} X \\ Y \\ Z \end{bmatrix}_{D65} \quad (6.3)$$

数値を入れると，

$$\begin{bmatrix} X \\ Y \\ Z \end{bmatrix}_{D50} = \begin{bmatrix} 1.0479 & 0.0229 & -0.0502 \\ 0.0296 & 0.9904 & -0.0171 \\ -0.0092 & 0.0151 & 0.7519 \end{bmatrix} \begin{bmatrix} X \\ Y \\ Z \end{bmatrix}_{D65} \quad (6.4)$$

ステップ②③を合成すると，最終マトリクスは

$$\begin{bmatrix} X \\ Y \\ Z \end{bmatrix}_{D50} = \begin{bmatrix} 0.4361 & 0.3851 & 0.1431 \\ 0.2225 & 0.7169 & 0.0606 \\ 0.0139 & 0.0971 & 0.7141 \end{bmatrix} \begin{bmatrix} R' \\ G' \\ B' \end{bmatrix}_{D65} \quad (6.5)$$

前記①のトーンカーブ式を 1024 の要素をもつ 1 次元 LUT として埋め込み，3×3 の最終マトリクスを書き込めば，sRGB ICC プロファイルが完成する．

6.5 PCS色空間での色加工の問題点

均等色空間であるCIELABは,その均等色性ゆえに色再現における評価空間として使用されることも多く,ICCプロファイルにおけるPCSでも用いられるが,この空間で彩度の調整をする場合は注意が必要とされる.PCS空間では入出力機器の色域の不一致を調整するマッピングが行われる.出力側の色空間が入力側のそれより狭い場合には,色相を維持したまま彩度を圧縮することが必要になる.その場合に問題となるのが,CIELAB色空間における等色

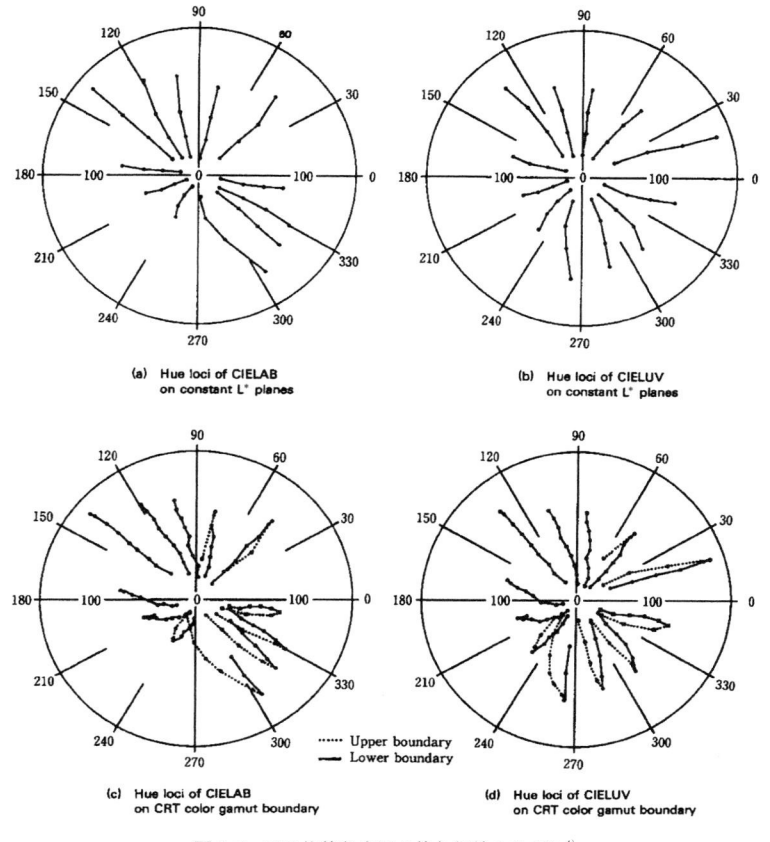

(a) Hue loci of CIELAB on constant L* planes

(b) Hue loci of CIELUV on constant L* planes

(c) Hue loci of CIELAB on CRT color gamut boundary

(d) Hue loci of CIELUV on CRT color gamut boundary

図6.5 CIE均等色空間の等色相線の曲がり[4]

相線の曲がりである．図6.5はその測定結果であるが，とくに青紫のあたりの等色相線の曲がりが大きいことが問題として指摘されている[4]．先に述べた白色点変換における最適な順応モデルの問題とともに，この等色相線の曲がりにも注意が必要である．

6.6 色彩に関する標準化団体

色彩や画像，そして写真や印刷に関する国際的な標準化団体としては，CIE（国際照明学会），ISO（国際標準化機構），IEC（国際電気標準会議）などがあり，CIE/Div.8（画像技術），ISO/TC42（写真），ISO/TC130（印刷），IEC/TC100（マルチメディア），JTC1/SC29（MPEG, JPEG）などで色彩に関する様々な規格が審議検討されている．

CIEは色彩に関する規格を制定する団体で，CIE XYZやCIELABなどを規格化してきた．CIE/Div.8（画像技術）ではその発展型である「色の見えモデル」CIECAM02を作成した[5]．これ以外にも色差評価，複数照明下の順応，マルチスペクトルイメージ，空間情報を考慮した色の見え，オフィスにおける画像観察環境など10ほどのTC（Technical Committee）で標準化活動を行っている．そのスコープはhttp://www.colour.org/で確認できる．

ISO/TC42（写真）はDSC関連の標準化を行っており，DCF規格，DSC特性評価，種々の色空間の定義や位置づけ，拡張色空間などを扱っている．ISO/TC130（印刷）ではSCID（standard color image data）と呼ばれる標準画像やカラーターゲットの標準を発行している．またTC42とTC130が共同で作成した標準として反対色の測定方法や標準視環境などがある．

IEC/TC100/TA2はマルチメディアにおける色管理が主要テーマであり，sRGB規格やその拡張規格が作成されてきた．

ISOでは色空間の定義や位置づけについても議論されている．入力参照色空間（input-referred color space）や出力参照色空間（output-referred color space）という概念が提唱されている．

撮像系の対象とする入力参照色空間には，シーン参照色空間（scene-referred color space）やメディア参照色空間（medium-referred color space）がある．

6.7 画像ファイルフォーマット

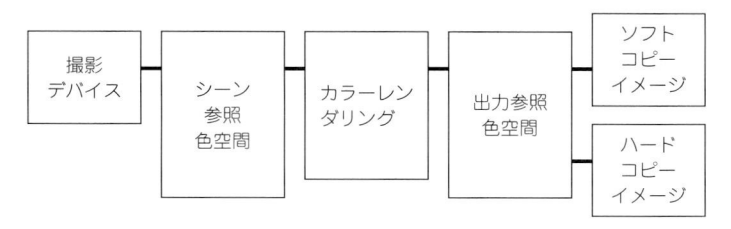

```
[撮影デバイス] ― [シーン参照色空間] ― [カラーレンダリング] ― [出力参照色空間] ― [ソフトコピーイメージ]
                                                                              [ハードコピーイメージ]
```

図 6.6 シーン参照色空間と出力参照色空間

　出力装置の色空間が関係する出力参照色空間（図 6.6）には，ディスプレイ参照色空間（display-referred color space）やプリント参照色空間（print-referred color space）などがある．

　シーン参照色空間は，カメラの被写体が有する非常に広いダイナミックレンジを表現することが求められ，たとえば sRGB の拡張色空間である scRGB などはこれに適した色空間である．一部のカメラで採用された RIMM RGB（reference input medium metric）や ROMM RGB（reference output medium metric）などの色空間はこのような考え方に基づいている．

　色空間というものに対して，とくに制約や条件を設けず，単に色の数学的表現をするための入れ物として自由に使いたいとする考え方がある一方，色空間に環境条件を付加した定義を加えることでそのデータの意味を明確にした方がよいとする考え方もある．国際規格の詳細については文献[6,7]などを参照されたい．

6.7 画像ファイルフォーマット

　デジタルカメラ（DSC）の画像出力形式に関する Exif/DCF フォーマットは，1995 年に規格化された日本発の世界標準フォーマットである．まず，Exif/DCF における JPEG と Exif と DCF の関係を述べる．JPEG は画像の圧縮方式であり DSC に限定されるものではない．これに対して Exif 規格は，DSC で記録される画像ファイルと音声ファイルや，その他のカメラ情報に関するタグのフォーマットを規定している．Exif 規格のサポートする画像フォーマットは，

　① JPEG 圧縮データ

② TIFF 非圧縮データ（RGB 非圧縮データ，YCrCb 非圧縮データ）であり，いわゆる RAW データはサポートしていない．

Exif（exchangeable image file format）では，これらの画像フォーマットのほかに，サムネイル画像フォーマット，音声ファイルフォーマット（WAV），カメラ情報などが書き込まれる．カメラ情報としては，撮影日時，機種名，画素数，圧縮モード，色空間情報，絞り値などのカメラの制御に関する情報も含まれる．

Exif 規格は 1997 年の Ver.2 で sRGB 色空間，圧縮サムネイル，音声ファイルを追加し，Ver.2.2 で「ExifPrint」と呼ばれるプリント処理用のタグの追加と sYCC 対応がなされた．この「ExifPrint」では撮影者の撮影条件を調べて，撮影者の意図や撮影シーンに最適化した印刷を可能にした．

DCF（design rule for camera file system）は，メモリーカード上に画像を記録し，読み出し再生するための規格で，ファイルフォーマットとして Exif 規格に必要な規定を加えた運用ルールであり，ファイルのネーミングや階層構造のルールを決めている．また DCF2.0 では，Adobe 色空間で保存された画像を，「DCF オプションファイル」として識別して opRGB 規格として扱えるようにした．

Exif2.2 では ExifPrint と Exif/DCF に opRGB 規格改訂に加えて，さらにプリント機能に対する付属規定 DPOF および PictBridge 規格が策定された．PictBridge は，DSC からの画像を PC を介さずにプリンターで印刷するダイレクトプリントの規格で，プリントメーカーの提案をもとに，2003 年に CIPA 規格として発表された．

Exif2.21/DCF2.0 からは Adobe RGB に対応可能となったが，業務用としてはさらに広い色域と広いダイナミックレンジへの対応が求められる．現在でも一眼レフタイプの DSC からは RAW データとして画像加工をしていない，いわばフィルムの潜像に相当するデータが提供されている．この RAW データはカメラメーカーごとにファイル形式が異なっている．

ダイナミックレンジの広い被写体空間を記録するデータの形式として，入力参照色空間の概念が米国から提案されている．米国から ISO に提案されている RIMM RGB はこのような入力参照色空間であり，シーン参照色空間である．

また scRGB もカメラの被写体が取りうる広い色域範囲と広いダイナミックレンジをカバーするシーン参照色空間を表現しうる RGB 拡張色空間である.

DSC メーカーが提供している RAW データには，イメージセンサーの生の出力，すなわち撮像素子の CFA 配列（多くはベイヤー配列）の出力がほぼそのまま記録されている．現在，RAW データを扱う標準として規格化が検討されているものに DNG（digital negative）がある．規格に関する詳細は関係する文献などを参照されたい[8〜13]．

6.8 出力装置の色再現の向上

従来の CRT ディスプレイの色域を基準に sRGB 標準色空間が設定され，現在はこれが画像を観察する場合の標準となっている．しかしノート PC のディスプレイは sRGB と比較して狭いものが多く，カメラの標準出力である sRGB ベースの画像を十分に正確に表示しきれていない．他方，印刷やインクジェットプリンターの表現可能な色域は，sRGB 色域ではカバーしきれておらず（図 6.7），より広い色域への対応が要望されている．一眼レフなどの一部の DSC

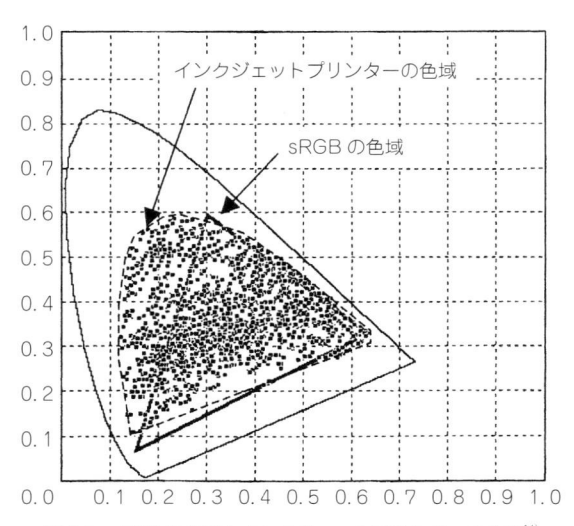

図 6.7 sRGB の色域とインクジェットプリンターの色域[14]

では，sRGB より広い色域の Adobe RGB（Exif/DCF の opRGB）出力をサポートする機種も多い．印刷のデジタル作業ワークフローでは，入稿データの色空間として Adobe RGB の使用が一般的であり，その画像確認のために Adobe RGB の色域をカバーする広色域ディスプレイの必要性は高い．

広色域ディスプレイを実現する方法として，CRT タイプと液晶タイプの2通りがあり，いずれも発光の3原色をどのようにして作り出すかが課題である．ここでは文献[14] に記載された内容を簡単に紹介する．

6.8.1　Adobe RGB 色域の CRT ディスプレイ

CRT ディスプレイは，蛍光体に電子ビームを当てて R, G, B の3原色を発光させる自発光タイプのディスプレイであり，その色域はそれぞれの発光体の発光色の色度に依存する．そこで Adobe RGB 色域を実現するために，緑の発光スペクトルの帯域を従来より狭くし，また赤の発光スペクトルのサブピークのうち，緑の波長領域に伸びた部分を軽減して赤の純度を高めている．これによってほぼ Adobe RGB の色域をカバーする性能を実現している（図 6.8）．白色点を D65 としたときの発光輝度は，最大 80 cd/m^2 を実現している．

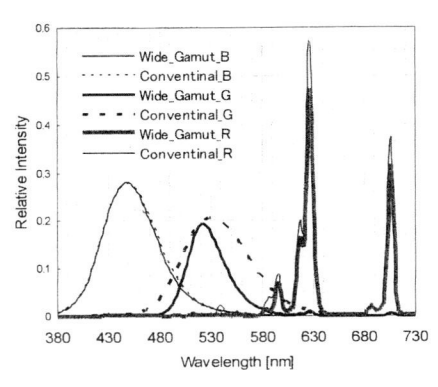

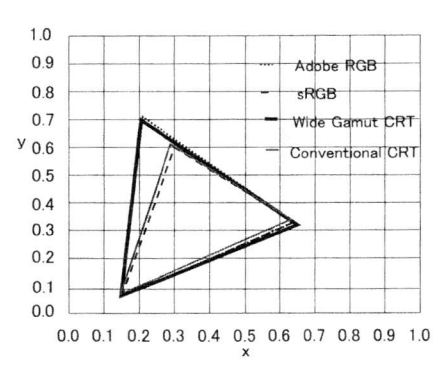

図 6.8　sRGB と Adobe RGB ディスプレイの発光スペクトルの違い（左），sRGB と Adobe RGB ディスプレイの色域の違い（右）[14]

6.8.2　広色域液晶ディスプレイ[14,15]

液晶ディスプレイの発色を決める要因は，バックライト光源の分光特性と液

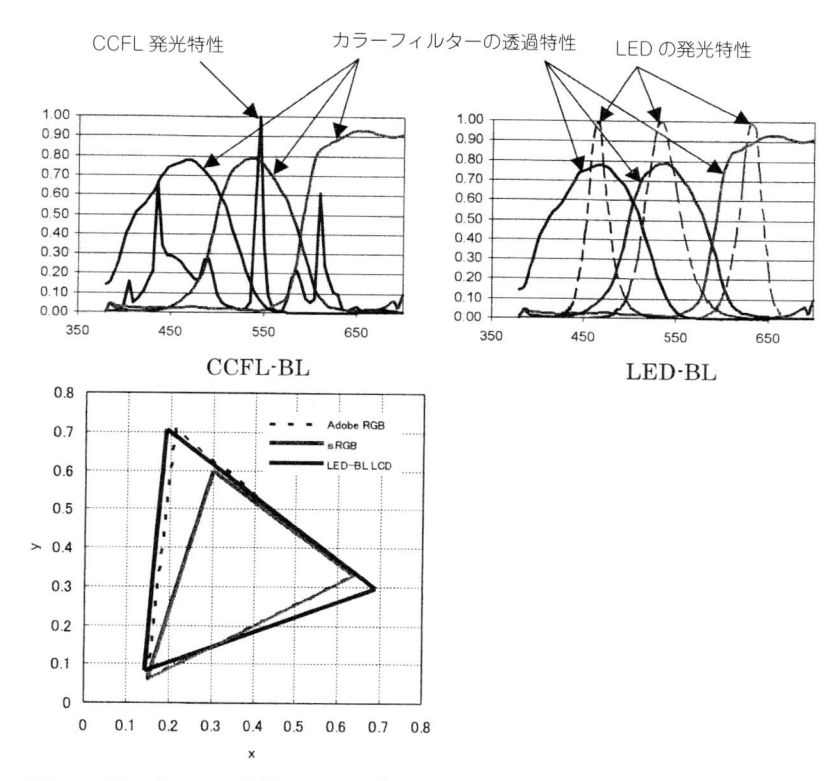

図 6.9　CCFL と LED の光源スペクトル差異とカラーフィルターの分光特性（上），sRGB 色域と LED バックライトディスプレイの色域の違い（下）[14]

晶パネルの分光透過率特性とカラーフィルターの分光透過率特性である（図 6.9 左上）．この例では光源を LED に変更することで色域を拡大している（図 6.9 右上）．

図 6.9 右上に示した特性の LED を使用することで，図 6.9 下に示す色域を実現しており，NTSC 比で 104.4% の色再現域を達成している．バックライト LED の R, G, B の強度比を変更すれば白色点の調節が可能であり，D65 白色点で 600 cd/m^2 を達成している．

6.8.3　各種のハード出力の色域[16]

プリント出力のようなハード出力には，単位面積の色素量を連続的に変更し

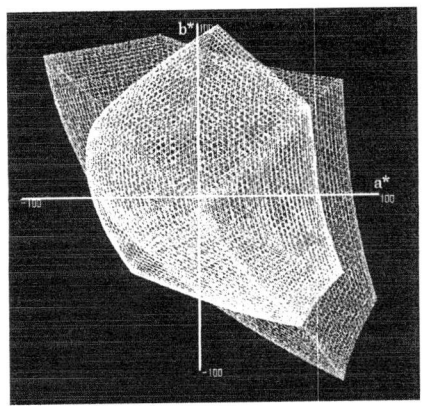

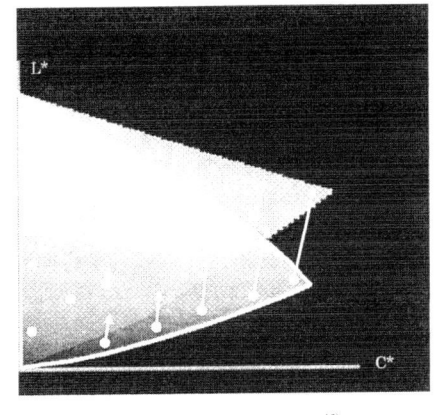

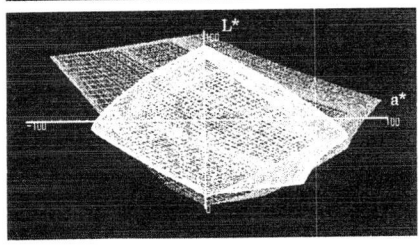

図 6.11 色相角一定での色域断面図[16]

図 6.10 sRGBとフロンティア写真プリントの色域[16]（大きい方がsRGB）

て階調をもたせる濃度変調方式と，色材の面積被服率で階調を出す面積変調方式がある．濃度変調方式では写真プリントと昇華型熱転写プリンターについて，面積変調方式ではオフセット印刷とインクジェットプリンターについて，それぞれの色域の広がりの例を見ておこう．

まず写真プリントについての論文[16]を引用する．フロンティア写真プリントとsRGBの色域の比較を図6.10に示す．大きいほうの立体がsRGB色域であるが，一部の領域は写真プリントの色域がsRGB色域の外に飛び出している様子がわかる．写真画像においては，色のつながりが非常に重要であり，色域（Gamut）外の色を，階調の破綻なく，かつ近い印象の色におきかえる色域マッピング（Gamut Mapping）が重要である．そこでこの論文では，一般に提案されている色域マッピングとは異なり，両者の色再現域を最大限に使うための伸張マッピングを図6.11のように行い，色の一致度は下がることがあるが，彩度低下を抑制でき，階調のつながりのよいという特徴をもたせている．

昇華型熱転写プリンターの場合を別の論文[17]から紹介する（図6.12）．色域

6.8 出力装置の色再現の向上

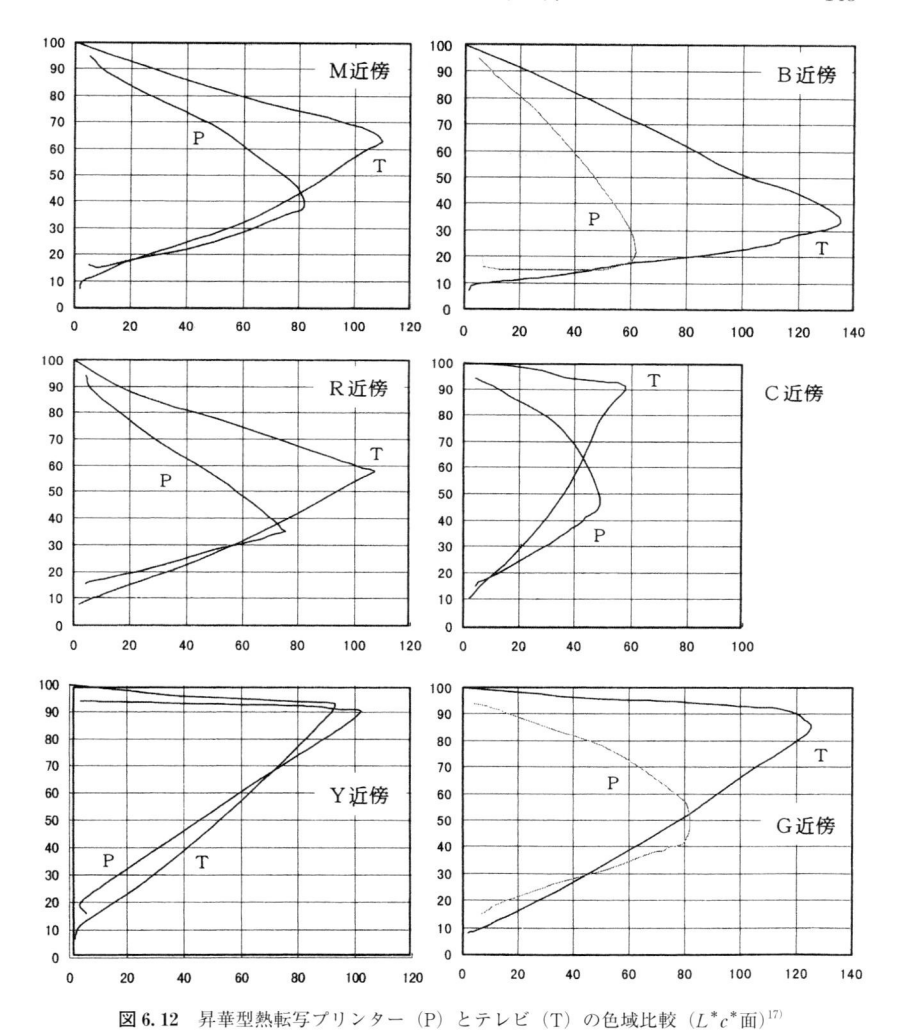

図 6.12 昇華型熱転写プリンター (P) とテレビ (T) の色域比較 (L^*c^*面)[17]

マッピングでは，テレビの色域をプリンターの色域に圧縮写像し，プリンター画像を主観的にテレビ画像に合わせるようにする．圧縮は，同一色相内で中心輝度点 ($L^* = 50, c^* = 0$) に向かって圧縮することを基本とし，圧縮率は単純比例ではなく高彩度部を密に，低彩度部を粗に圧縮写像している．この結果，テレビとプリントの色相を比較すると，色相および彩度にずれが生じ，Y-R

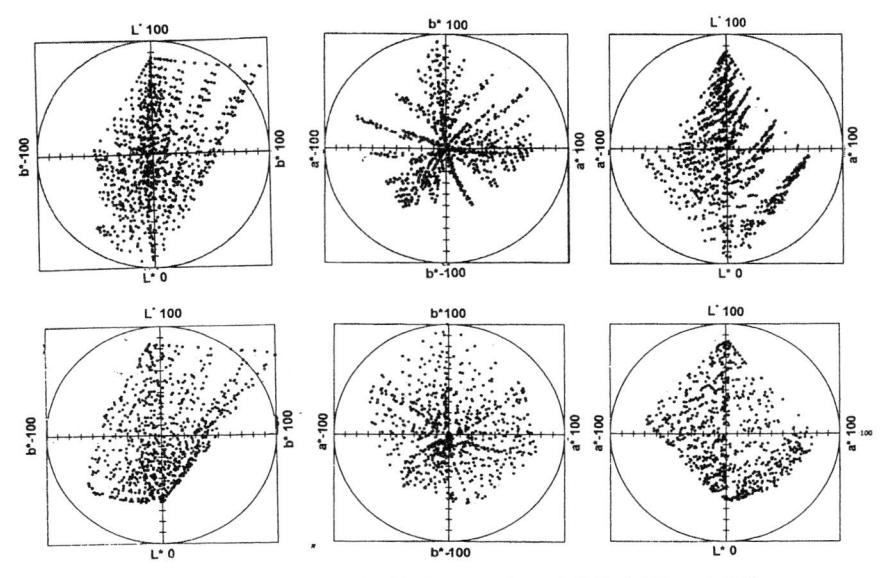

図 6.13 オフセット印刷（上段）とインクジェット記録（下段）の色域[19]

近傍は5度程度だが G-Cy 近傍では30度近い色相のずれが発生しているという．この色相のずれを補正するために，テレビ信号段階に戻って色相を補正する方法を試みている．

次に，面積変調方式の例を論文[18]で紹介する．図 6.13 はオフセット印刷（上段）とインクジェット記録（下段）の色域である．この図から，暗部は印刷のほうがよく出るが，明部はインクジェットの再現範囲が広いことが見て取れる．

インクジェットの画質改善[19]に関しては，一般にインクを追加すれば画質が向上すると思われがちだが，LUT 作成の際の色の組み合わせ自由度が級数的に増大するため，最適なインクの量の組み合わせを選択するのが難しくなる．さらに，特定の色域が突出した色域になりがちなため，とくに色変化のなめらかさの点で問題の生じることが多い．多色化は LUT が高度に最適化されていないと，むしろ画質劣化の原因になる．従来 LUT 最適化は職人芸的なチューニングに頼っていたため，非常に工数がかかり，多色化しつつ高品質を保つのは難しい面もあるという．

6.9 ディスプレイとプリンターの色合わせ

　ディスプレイとプリンターの色合わせにおいては，どちらをどちらに合わせるかで2通りの立場がある．コンピュータグラフィックスのようにディスプレイ画面での色作りが基準の場合は，ハードコピーからの出力はディスプレイ画面の色に忠実なことが要求されるだろう．しかしハードコピーの色域はディスプレイで再現できる色域を一部カバーしていない．他方，印刷製版では印刷物が基準で，ディスプレイはソフトプルーフとして印刷物の色をシミュレートするために用いられる．しかし，ディスプレイの色域は印刷で再現できる色域を一部カバーしていない．このカバーしていない再現できない色域部分をどう扱うかが課題となる（注意：ソフト出力とはディスプレイ表示出力を指し，ハード出力とは紙などへのプリント出力を指す）．

　もうひとつの課題は，観察条件の違いの扱いである．ハード出力に関して，ISO13655でハードプルーフの測定条件が規定されている[20]．この規格では資料の色の測定に際し，2度視野標準観測者条件で，測定光源にはD50を使用し，照明/受光条件は0/45または45/0とし（観察方向と照明方向の片方が法線方向，他方が45°方向），資料を濃度1.5以上の無彩色のものの上におくと定めている．

　ソフト出力のsRGBモニターに関しては，sRGB色空間の標準視環境に記したように観察環境が定められている（表4.5）．モニターを見る場合は，背景色や環境光の白色点に対する眼の順応もあるので，その点にも注意が必要である．その際の順応の程度を調べた結果を，後述の混合順応で説明した．モニターのような自己発光体は光源色モードと物体色モードの中間の見えとなり，その度合も見せ方に依存している点にも配慮が必要である．

　ディスプレイとハードコピーの見えの一致に関する推奨観察条件の基準は，照明学会の「マルチメディア色再現の基礎検討」[21]に記載されており，これを簡単に紹介する．

　ディスプレイとハードコピーのカラーマッチングにおける推奨観察条件は，
・照明光源はD50/D65で，ディスプレイの基準白色に合わせる．

- 机上面照度（環境照度）は 800±300 [lx] である．
- 照明方法は，ディスプレイ画面に直接照射光が入射しない位置から行い，鏡面反射を避ける．
- ディスプレイの基準白色は D50/D65 である．
- 基準白色輝度は，ハードコピー観察時の用紙の反射輝度とする．
- 黒レベルのピーク輝度比は 0.03 以下とする．
- 観察条件として，対象画像の周囲はマスクして，不要な刺激は排除し，ハードコピーの周囲（マスク）はマンセル N8～N9，ディスプレイの周囲もハードコピーの周囲と同じ色にし，背景照度も揃える．
- 画像サイズは，ディスプレイとハードコピーで揃える．
- 視距離は 0.5～1 m で法線方向から見る．

実際には，ディスプレイとハードコピーの見えの一致をはかるのは容易ではない．両者の観察条件が違うため，視覚系の順応で異なって見えるからである．
意識すべき違いのポイントは，

- 白色点の色度と明るさの違い：ディスプレイは sRGB や Adobe RGB モニターであれば D65（6500 K）に調整されているが，一般 VDT は 9300 K 前後であり，明るさも 80 cd（sRGB 規格）から最近ではもっと明るいものも増えている．他方，ハードコピーは照明が D50 基準とされ，照度は 800～2000 lx である．視覚がどのような照明環境に順応するかで見えは変化するし，絶対的な明るさにも依存して見えは変化する．
- ディスプレイとハードコピーの見えは，後者が表面色の見えなのに対して，前者は開口色の要素を含み，その程度は見せ方にも依存する．
- ディスプレイとハードコピーでは同じ色でも分光分布が異なる．ハードコピーではふつうはなだらかな分光分布の照明光下における反射光を見るので，各色とも比較的なだらかな分光分布をもつ．ディスプレイは波長により出力が急峻に変化する発光特性をもつものが多く，とくに LED 照明は，狭い波長範囲にピーク状の発光特性をもつため，視感度特性の個人差の影響が生じやすい．
- 照明光の影響もディスプレイとハードコピーでは異なる．自発光のディスプレイでは，照明光の表面反射光成分によるかぶりが生じるので，照明下での反射光のみを見るハードコピーより，照明光の影響は大きい．

このような観賞に際しては，視覚が何に順応しているかを十分に意識しておく必要がある．

6.10　色域マッピングの一般論

これまでに述べた例に見るように，入力装置の色域と出力装置の色域は大きく異なっている．色域マッピングには特定の決まったルールがあるわけではなく，それぞれの場合に応じて工夫がなされている．マッピングの基本的な考え方としては以下のように3通りの観点がある．

① 彩度を重視した再現（Saturation）：　グラフィックスやプレゼンテーションでは，明確な印象を与えることが望ましい．そのために彩度の高い鮮やかな色が用いられ，なめらかなグラデーションよりむしろ色相が分離して，文字や線が明確にわかる色の飽和度の高い純色系の表現が適当とされる．

② 忠実な色再現（Colorimetric）：　これは絶対的な色彩保持（absolute colorimetric）と相対的な色彩保持（relative colorimetric）とに分けられる．絶対的な色彩保持は，白色点の三刺激値を合わせオリジナルとの色差をできるだけ小さくして，忠実な色再現をしようとするものである．相対的な色彩保持は，オリジナルの白色点と再現物の白色点を対応させて，相対的な色の見えを保持しようとするものである．

③ 知覚的色再現（Perceptual）：　写真表現のような対象では，階調のなめらかなつながりが重視される．写真は階調のアートであるともいわれ，グラデーションがなめらかで連続性があり，質感が豊かに再現される主観的に好ましい色再現を追求する．

色域マッピングの方法としては，明度保存，色相保存，彩度保存，あるいは明度軸のある点の方向に変換するなど，いろいろな方法が提案されている．一般的には人間が敏感に感じる順である，色相・明度・彩度の順に重きをおいてマッピングを行うのが好ましいと考えられている．しかし同じ知覚的（Perceptual）といっても，それぞれの場合でやり方は各種各様のようである．

色再現のまとめ

機器ごとの色域の違いや，マッピングの方法論をひととおり概観したところ

表 6.3 色再現の分類

	同一光源下	異なる光源下
絶対輝度が一致	【正確な色再現】 三刺激値の絶対輝度が一致	【等価な色再現】 絶対輝度と「見え」が一致
輝度は相対的	【測色的再現】 三刺激値の相対輝度が一致	【対応する色再現】 相対的に「見え」が一致

で，もう一度，以下に色再現のハント（Hunt）分類を振り返ってみる．
○分光的色再現とは，分光分布が一致するもの．
○正確な色再現は，同一光源下で三刺激値の絶対輝度が一致するもの．
○測色的色再現は，同一光源下で三刺激値の相対輝度が一致するもの．
○等価な色再現は，異なる光源下で絶対輝度と見えが一致するもの．
○対応する色再現は，異なる光源下で相対的に見えが一致するもの．
○好ましい色再現は，対象物を主観的に好ましい色にする．

分光的色再現と好ましい色再現を除いた4つをまとめると，表6.3のような場合分けになる．

基本となる測色的色再現（colorimetric color reproduction）は，デバイス間で同じ三刺激値をもつような色再現で，たとえば物体三刺激値 (X_o, Y_o, Z_o)，CRT画像三刺激値 (X_c, Y_c, Z_c)，ハードコピー画像三刺激値 (X_h, Y_h, Z_h) について相対的一致を求める色再現である．

好ましい色再現は，写真やハードコピーの実際的な色再現の目標である．これは現実の観察環境，画像サイズと画像への照明のあたり方，画像の内容，画像の背景と周辺照明，見る人の経験や好みの傾向，その他の多くの要因の影響を受けるので，それぞれの個別の条件を踏まえての対応が必要となる．

忠実な再現として「見え」の一致を主眼とし，測色的でもなく，好ましい再現のような加工もない，基準としての再現も重要である．

6.11 色の見えのモデル

いろいろなメディアで色情報をやりとりするようになり，各画像メディアで再現される色が違うことが問題となっている．この「色の見え」が一致しない

のは，各出力装置の色再現域が違うことも原因の一つであるが，測色的に同じ色を再現しても「色の見え」が同じにならないことが原因である．これは照明光に対する「眼の順応」の度合，見ているものの「周辺環境」，表面色モードか開口色モードかの「見えのモード」の違いで，人の「知覚する色の見え」が変化するからである．

異なる環境で見た画像の「見えが一致する」色（対応色）を求めようとするのが「見えのモデル」(color appearance model：CAM) であり，多くのモデルが提案されている．ここでは見えに関してアプローチしている論文のいくつかを紹介する．

6.11.1 見えの比較実験とモデル比較[22]

吉川らは，図 6.14 のような環境で，見えの比較を実験している．右側がオリジナル画像を表示する「オリジナルブース」，左側がモデルから求めた対応画像を表示する「対応色ブース」である．被験者は，右目で右のブース，左目で左のブースを見る両眼隔壁法で観察する．

・CRT-CRT 実験： カラー CRT ディスプレイを 2 台用い，一方にオリジナル画像を表示し，他方に対応色画像を表示する．画像の周辺は背景として輝度率（luminance factor）が約 0.2 の灰色を表示，ブースの内壁は暗黒状態で実験する．照明は，オリジナルブースは工場出荷時のままの相関色温度約 9400 K で，対応色ブースは D50 または D65 である．

図 6.14　見えの比較実験[22]

・ハードコピー CRT 実験： 昇華型カラープリンターで出力したオリジナル画像を，壁の内側が輝度率約 0.2 の灰色のラシャ紙でおおわれたオリジナルブースに表示する．オリジナル画像は LUT を用いて CMYK から XYZ に変換し，各モデルにより対応色画像を求めた．対応色画像を表示する CRT ディスプレイは，CRT-CRT 実験と同じである．照明は，オリジナルブースは色評価用蛍光灯（相関色温度約 5000 K）または D65 近似蛍光灯（相関色温度約 6100 K），対応色ブースは工場出荷時のままの相関色温度約 9400 K である．

用いた画像は，ISO/JIS-SCID の標準画像を RGB に変換して，周囲に参照白色帯をつけたものである．絵柄は N7（ミュージシャン），N1（ポートレート），N3（果物籠），N6（蘭）で，サイズは視覚で 9.4°×11.7°（観察距離 1 m）である．

使用したモデルは，完全順応モデルとしては，CIELAB 均等色空間，LLAB96 モデル，フォン・クリースモデル，不完全順応モデルとしては，CIECAM97s モデル，Nayatani97 色順応予測色，RLAB96 モデル，著者新提案モデルである．

モデルなどの詳細は省くが，10 人の被験者による CRT-CRT 実験結果を図 6.15 に示す．縦軸は尺度値の差が知覚の大きさの差に対応するような間隔尺

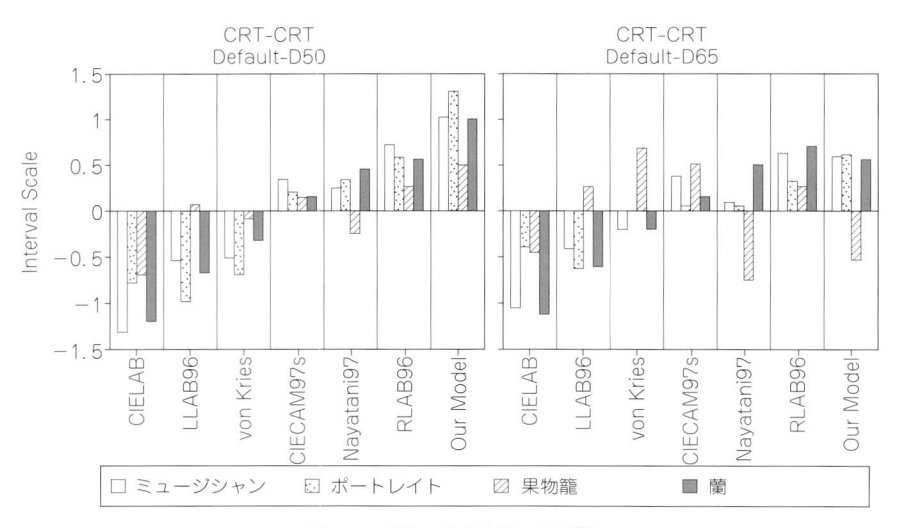

図 6.15 見えの比較実験の結果[22]

度を構成している．結果としては，おおむね不完全順応モデルの評価が高い．画像が「果物籠」の場合だけ違った動きをしているが，著者はこの理由を，色温度が高い照明光から低い照明光への色順応は，寒色系より暖色系の色のほうが起こりやすいといわれており，このために完全順応モデルの評価が高くなった可能性があるとしている．

6.11.2 色の見えのモデル CIECAM02

CIE で標準的な色の見えのモデルの検討が行われた．CIE 第 8 部会（画像技術）では CIECAM97s の改良を重ね，2002 年にカラーアピアランスモデル（color appearance model）CIECAM02 が発表され，2004 年初めに CIE TC8-01 のテクニカルレポートとして発行された．

このモデルは，視覚の応答を考慮して観察条件も取り込み，色順応に関しては不完全順応計算，白色点変換計算を行い，錐体応答の非線形変換を適用した後，色相加工を施し，色の見えに関するパラメーター J（明度），C（クロマ），H（色相成分）などを算出する．CIELAB に比べて，等色相線の曲がりが少ないこともその特色の一つである．式の展開が非常に複雑なので，ここでは省略するが，詳細は文献[5, 23]を参照されたい．

色の見えのモデルのさらに次の展開として，CIECAM02 の改良ではなく，実際の自然シーンの複雑さを含む視環境を考慮したイメージアピアランスモデル（image appearance model）として iCAM が提案されている[24]．

6.12 不完全順応と混合順応

視環境が異なる 2 つの機器の「色の見え」を合わせるには，測色値を一致させただけではマッチングとしては不十分で，その視環境での視覚の色順応についても考慮しておく必要がある．その場合，光源色温度が昼光から離れるほど顕著になる不完全順応の特性を考慮する必要があり，さらに光源の色温度が異なる混合光源の場合には，視覚がどの色温度に順応しているかという混合順応の問題についても考慮する必要がある．

6.12.1 不完全順応

人間の視覚は，観察環境の白色点が D65（昼光）からかけ離れている場合，その色温度に完全には順応できない．裸電球の照らす部屋に入った場合に，その赤みを帯びた照明の雰囲気を感じるのも，夕景の雰囲気を感じるのもこの不完全順応の性質による．暗室でモニターを観察してもその白色点が D65 からかけ離れていると，人間の視覚はモニターの白色点に完全順応することはできない．白色点が D65 のそれから離れているほど，また輝度が低いほど順応は不完全となる．

人間の視覚が順応している不完全順応白色点 $[L'_{n(CRT)}], [M'_{n(CRT)}], [S'_{n(CRT)}]$ を扱う方法に下記のやり方がある[25]．ここで，下式中の p_L, p_M, p_S はハントモデル[26]で用いられている色順応係数，$Y'_{n(CRT)}$ はモニターの白色点の絶対輝度 (cd/m^2) である．

$$[L'_{n(CRT)}] = [L_{n(CRT)}]/p_L$$
$$[M'_{n(CRT)}] = [M_{n(CRT)}]/p_M$$
$$[S'_{n(CRT)}] = [S_{n(CRT)}]/p_S$$
$$p_L = (1 + Y'_{n(CRT)}{}^{1/3} + l_E)/(1 + Y'_{n(CRT)}{}^{1/3} + 1/l_E)$$
$$p_M = (1 + Y'_{n(CRT)}{}^{1/3} + m_E)/(1 + Y'_{n(CRT)}{}^{1/3} + 1/m_E)$$
$$p_S = (1 + Y'_{n(CRT)}{}^{1/3} + s_E)/(1 + Y'_{n(CRT)}{}^{1/3} + 1/s_E)$$
$$l_E = 3[L_{n(CRT)}]/([L_{n(CRT)}] + [M_{n(CRT)}] + [S_{n(CRT)}])$$
$$m_E = 3[M_{n(CRT)}]/([L_{n(CRT)}] + [M_{n(CRT)}] + [S_{n(CRT)}])$$
$$s_E = 3[S_{n(CRT)}]/([L_{n(CRT)}] + [M_{n(CRT)}] + [S_{n(CRT)}])$$

6.12.2 混合順応

蛍光灯（4150 K）の下で CG モニター（9300 K）が使用される場合，モニターの白色点に 60%，周囲の蛍光灯に 40% 順応していることを仮定して出力した画像が最も画像のマッチングがとれているという実験結果が，加藤により報告されている[25]．この混合色順応モデルでは，人間の視覚がモニターに順応している割合を順応率 R_{adp} として（100% モニターに順応している場合に R_{adp} = 1.0），混合順応における混合順応白色点を次式から算出している．

$$[L''_{n(CRT)}] = R_{adp}[L'_{n(CRT)}]\{Y'_{n(CRT)}/Y_{adp}\}^{1/3}$$

6.12 不完全順応と混合順応

$$+ (1 - R_{adp})[L'_{(ambient)}]\{Y_{(ambient)}/Y_{adp}\}^{1/3}$$
$$[M''_{n(CRT)}] = R_{adp}[M'_{n(CRT)}]\{Y'_{n(CRT)}/Y_{adp}\}^{1/3}$$
$$+ (1 - R_{adp})[M'_{(ambient)}]\{Y_{(ambient)}/Y_{adp}\}^{1/3}$$
$$[S''_{n(CRT)}] = R_{adp}[S'_{n(CRT)}]\{Y'_{n(CRT)}/Y_{adp}\}^{1/3}$$
$$+ (1 - R_{adp})[S'_{(ambient)}]\{Y_{(ambient)}/Y_{adp}\}^{1/3}$$
$$Y_{adp} = \{R_{adp}Y'_{n(CRT)}{}^{1/3} + (1 - R_{adp})Y_{(ambient)}{}^{1/3}\}^3$$

これを用いて，視環境に依存しない指標としてのS-LMS値として

$$L_S = L_{(CRT)}/[L''_{n(CRT)}], \quad M_S = L_{(CRT)}/[M''_{n(CRT)}], \quad S_S = L_{(CRT)}/[S''_{n(CRT)}]$$

が決まる．

視感実験の結果によれば，$R_{adp} = 0.6$ で，このS-LMS値 L_S, M_S, S_S を視環境独立色として位置づける．

周辺光に順応した視覚が，モニターを見ることで新たな順応状態に変わるが，色順応には1秒程度の速い機構と，時定数が40〜50秒の遅い機構の2つの機構が存在し[27]，実験結果[28]の平均データでは図6.16のように完全に順応するまでに約2分かかっている．

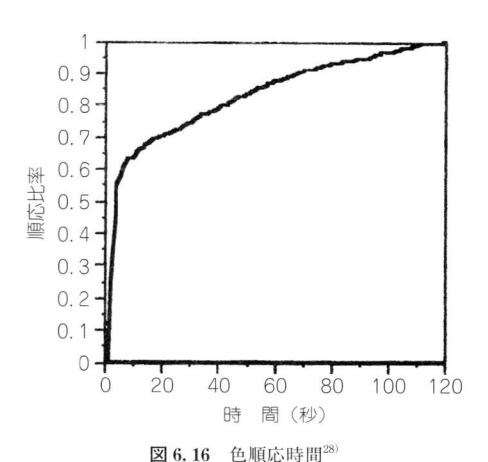

図 6.16 色順応時間[28]

文　　献

1) IEC 61966-2.1 Ed.1：1999, Color Measurement and Management in Multimedia System and Equipment, Part2.1：Default RGB Colour Space-sRGB（1999）.
2) 加藤直哉：様々な標準色空間の位置づけとその産業界へのインパクト，カラーフォーラム JAPAN2000, pp.25-34（2000）.
3) M. Nielsen and M. Stokes：The Creation of the sRGB ICC Profile Hewlett-Packard Company Boise, Idaho/USA.
4) 洪博哲：CIE 均等色空間の色相線の曲がり，Konica Technical Report, Vol.5, p.78, JAN（1992）.
5) 矢口博久：色の見えモデル―CIECAM02 の概要と課題―，カラーフォーラム JAPAN2003, p.57（2003）.
6) 卜部　仁：拡張色空間とその標準化動向，カラーフォーラム JAPAN2007（2007）.
7) 河村尚登,小野文孝監修：カラーマネジメント技術, 第Ⅲ部. 東京電機大学出版局(2008).
8) 大川元一：デジタルカメラの動向とフォーマット，日本画像学会誌，Vol.46, No.2, 108-120（2007）.
9) 松本健太郎：画像交換としての画像ファイルフォーマット，画像電子学会誌，Vol.33, No.2, pp.236-241（2004）.
10) 桑山哲郎：2. カラーマネジメントの標準化動向，2-1 標準化の全体動向，映像情報メディア学会誌，Vol.55, No.10, pp.1222-1226（2001）.
11) 矢口博久：2-2 CIE（国際照明委員）Div.8，映像情報メディア学会誌，Vol.55, No.10, pp.1227-1228（2001）.
12) 杉浦博明：3. マルチメディアにおける動向，3-1 色空間の国際標準化動向（IEC/TC100/TA2），映像情報メディア学会誌，Vol.55, No.10, pp.1229-1230（2001）.
13) 洪博哲：3-2 デジタルスチルカメラのカラーマネジメント規格化の動向（ISO TC 42/WG18, JWG20），映像情報メディア学会誌，Vol.55, No.10, pp.1231-1232（2001）.
14) 谷添秀樹，杉浦博明：ディスプレイの色再現性の向上，日本画像学会誌，Vol.43, No.2, pp.82-89（2004）.
15) 谷添秀樹：広色域ディスプレイの動向，日本画像学会誌，Vol.46, No.1, pp.61-67(2007).
16) 岩城康晴：デジタル写真プリントの画像再現設計について，フジ写真フイルム，画像4学会合同研究会（2004）.
17) 小堀康功，他：ビデオプリンタにおける高画質化の一検討，日本画像学会誌，Vol.39, No.3, pp.184-194（2000）.
18) 梶　光雄：画像入出力装置の進歩と課題，画像電子学会誌，vol.29, No.1, pp.44-54（2000）.
19) 角谷繁明：インクジェット技術によるフォト出力，日本画像学会誌，Vol.48, No.6, pp.485-493（2009）.
20) 東　吉彦：印刷におけるデジタル技術,日本印刷学会誌,Vol.36, No.5, pp.26-33(1999).
21) 物体色と光源色の色の見え特別研究委員会編：マルチメディア色再現の基礎検討，照明学会（1995）.
22) 吉川拓伸，矢口博久，塩入　諭，塚田正人，田島譲二：種々の色の見えモデルの評価，

カラーフォーラム JAPAN '98, pp. 89-92 (1998).
23) 矢口博久：カラーアピアランスモデルの研究動向，日本画像学会誌，Vol. 50, No. 6, pp. 539-542 (2011).
24) M. D. Fairchild and G. M. Johnson：Image appearance modeling, SPIE/IS4T Electronic Imaging Conference, SPIE vol. 5007 (2003).
25) 加藤直哉：ソフトコピーとハードコピーの色の見えの一致. 信学技報, Technical Report of Ieice, CQ97-74, p. 25 (1998-02).
26) R. W. G. Hunt：*Color Res.*, Appl. 16, 146-165 (1991).
27) M. D. Fairchild and P. Lennie：*Vision Research*, 32, 2077-2085 (1992).
28) M. D. Fairchild and L. Reniff：*J. Opt. Soc. Am.*, A12, 824-833 (1995).

7

写真と目と脳

　写真を鑑賞し何を感じるのかは，結局のところ見る人に依存している．したがって，画像を見ている者の特性を棚上げして画質を議論することはできない．この章では，銀塩写真についてアナログ的な視点で語られてきたことも交えて，見る者・観察者の特性について，また目による処理と脳による処理のありようについて調べてみる．

7.1　写真の好ましさと視覚の印象

7.1.1　細部描写性と写真としての好ましさ[1]

　まずはどのような写真が好ましいとされるかについて調べる．細部描写力の向上は，物理的には情報量の増加であり，一般的には画像としては好ましい方向とされる．しかし，情報の増加は，主観的には必ずしも好ましいものとはいいきれない．情報には主観的には好ましくない情報もあり，肖像写真・人物写真など非常に心理的比重の大きい画像では，主観的に好ましくない情報（シミ，シワ，ニキビ，ソバカスなど）に対する反応は敏感である．

　論文[1]では，風景写真，静物写真，肖像写真の最も好ましい鮮鋭さと，I.V.値との関係を調べており，その結果を図7.1に示す．ここでI.V.とはinformation volumeのことで，写真印画のMTF曲線に視覚系のMTFで重み付けをして，その曲線下の面積を算出したものであり，論文ではこれを主観的な鮮鋭度の尺度としている．実験に用いた複数の鮮鋭度を段階的に変化させた印画は，密着プリントの際にネガと印画紙の間に入れる光拡散シートの枚数で制御して作成している．観察条件は，色評価用蛍光灯照明下で照度500lx，観

7.1 写真の好ましさと視覚の印象　　　　　　　　　　　　　　　　　157

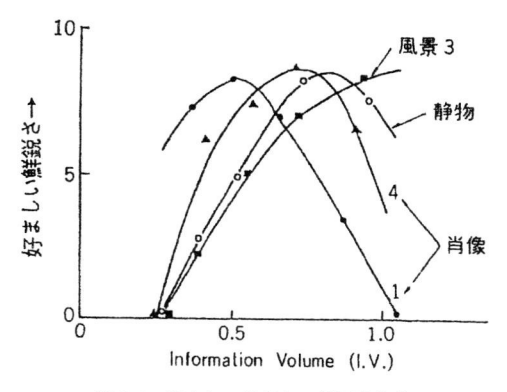

図 7.1 好ましい鮮鋭さの被写体依存

察距離 40 cm，印画の周辺条件は中灰色である．画質評価経験をもつ 21 名で主観評価実験を行い，順位法によって設定した主観評価尺度を好ましい鮮鋭さの数値化に適用している．

図 7.1 の結果は，風景写真，静物写真，肖像写真で"最も好ましい鮮鋭さ"に対応する I.V. 値が相違していることを示している．また，顔の面積が増加するにしたがって，最も好ましい鮮鋭さに対応する I.V. 値は低下するという．顔が大写しになるほどシャープでない写真印画が望まれ，肖像より静物，静物より風景でシャープな印画が好まれるとしている．

7.1.2 世代による視覚印象の相違

論文[2] では，世代による視覚印象の相違を調べる中で，結局，客観的な画質特性の優劣とは関係のない，記憶や学習といった高次の認知過程が，画像に対する主観的印象に大きく関係していることを示しているとする．その内容を以下に簡単に紹介する．

さまざまな視覚メディア（銀塩写真，映画，テレビなど）が固有にもっている画質特性をノイズとしてデジタル画像に付加することにより，画像の質感や雰囲気を高める表現方法がある．デジタル写真に粒状ノイズを付加することにより，銀塩写真に類似した質感をもたせる方法などはそれである．それぞれの視覚メディアが特徴的にもつ画質のことをメディア画質と呼ぶ．たとえば，銀

塩写真の独特な粒状性や階調性，新聞の網点や彩度が低く色域の狭い色再現域，テレビの走査線，といったようなものがそれに当たる．この論文[2]ではメディア画質に対する印象が被験者の育ったメディア環境に関係するならば，世代によって差が生じるのではないかと考え，若年者と高齢者に分けて調査を行っている．

検討した視覚メディアは，①銀塩カラー写真，②銀塩白黒写真，③新聞，④インクジェットプリント，⑤液晶ディスプレイの5種類である．この5つの視覚メディアで出力された評価用ポートレート画像をSD法で評価した．評価用画像には，富士フイルムの評価用標準ポートレート画像[3]（日本人女性，110 mm×150 mm）を使用した．

各画像はD50の照明下で提示され，被験者は21個の形容詞対からなる七件法の質問紙で各画像の印象を回答した．被験者の内訳は「若年者」として千葉大学の学生22人（20～25歳），および「高齢者」としてことぶき大学校の学生26人（61～80歳）である．

表 7.1　負荷因子

形容詞対		因子1	因子2	因子3
深みのある	薄っぺらな	0.85	0.03	−0.12
雰囲気がある	雰囲気がない	0.76	−0.15	0.11
奥行きのある	奥行きのない	0.68	0.19	0.08
個性がある	平凡な	0.61	−0.22	0.14
洒落ている	ださい	0.54	0.18	0.26
力強い	弱々しい	0.51	0.32	−0.09
粗野な	洗練された	−0.04	−0.70	0.16
はっきりした	ぼんやりとした	0.19	0.66	−0.08
地味な	鮮やかな	0.15	−0.62	−0.15
新しい	古い	−0.15	0.60	0.18
陰気な	陽気な	0.17	−0.50	−0.46
美しい	醜い	0.19	0.46	0.21
乾いた	しっとりとした	−0.23	−0.45	0.14
暖かみがある	冷たい	0.28	0.02	0.64
明るい	暗い	−0.07	0.18	0.60
かたい	やわらかい	−0.10	0.12	−0.57
親しみやすい	親しみにくい	0.19	0.02	0.56
軽い	重い	−0.36	−0.15	0.49
回転後の負荷量平方和		3.88	3.76	2.81

7.1 写真の好ましさと視覚の印象　　　　　　　159

表 7.2　因子の解釈

因子	形容詞	因子の解釈
1	深みのある，雰囲気がある，奥行きのある，個性がある，洒落ている，力強い	メリハリ感
2	洗練された，はっきりした，鮮やかな，新しい，陽気な，美しい，しっとりとした	クッキリ感
3	暖かみがある，明るい，やわらかい，親しみやすい，軽い	親近感

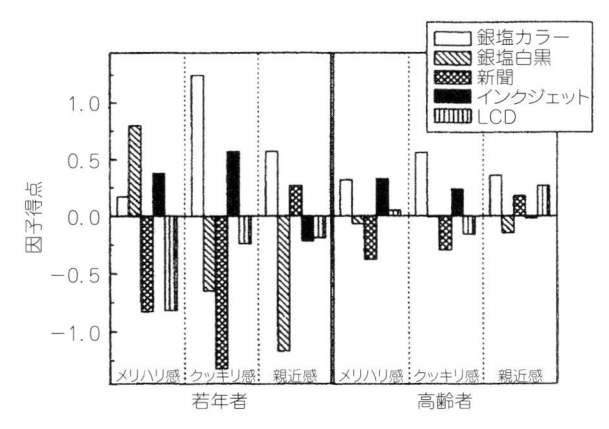

図 7.2　世代による視覚印象の相違

　結果を，21項目について因子分析し，因子負荷が 0.40 以上を示す 18 項目を選出した（表 7.1）．すべての形容詞対において，ネガティブな意味をもつ形容詞に大きく相関した．この結果を，因子負荷量の正負を逆にして，ポジティブな意味をもつ形容詞から解釈することにした．結果は表 7.2 のように，第 1 因子は「メリハリ感」，第 2 因子は「クッキリ感」，第 3 因子は「親近感」と解釈・分類されている．得られた因子得点について，メディアごとに平均値を算出し，「若年者」と「高齢者」との結果を図 7.2 に示す．

　高齢者の因子得点の絶対値は，若年者のそれと比較して小さい．また高齢者の「親近感」においては，1%水準の t 検定の結果，各メディア間で得点の平均値の差に有意差はなかった．若年者において銀塩写真の「親近感」が低く，高齢者ではそれに比べて高いのは，銀塩写真に日常的に接していた期間が長かったというメディア環境的要因が影響していると推定される．このことは，

客観的な画質特性の優劣とは関係のない，記憶や学習といった高次の認知過程が，画像に対する主観的印象に大きく関係していることを示している．

7.1.3　デジタル撮像とフィルム撮像

写真経験の深い本庄知氏のデジタル撮像とフィルム撮像に関する見解[4]を，以下に一部抜粋して引用させていただく．

　私個人（本庄氏）としては，何か不自然な輪郭強調などを含むデジタルプリントには，どうしても馴染めず，しばらくは写真屋さんの店頭で，アナログ処理をお願いした．やがてそれも不自由となり，結局ネガペーパー系による写真撮影の楽しみはあきらめることにした．最近は撮るならカラーリバーサルフィルムを使うようにしている．

≪私がアナログ写真に拘る理由は，光そのものへの作用（勿論，現像効果を利用したエッジ強調などもあるが）の結果としての自然な見えのほか，「気持ちのけじめのつけ易さ」が非常に重要なようだ．≫

≪デジタル技術の良さをフルに生かすには，個人がすべてを自分の意思で行うことが前提であり，写真の場合は，それはホームプリントを行うことに相当する．しかし，現状では，効率・品質で，銀塩プリントシステムにかなうものがないため，結局，個人の嗜好を充たすという点では中途半端な状態が続いていると見るべきだろう．≫

≪長い間，感材メーカーの研究所に在籍し，1本の特性曲線の設計に多数の研究者が大変な苦労をして来た様子を見てきた私としては，自由自在に階調特性を調節できるデジタル系は，このような研究資源的な面でも圧倒的に有利だと思わざるを得ない．≫

≪デジタル技術そのものは（銀塩より地球環境的に）有利だとしても，デジタルカメラの普及で，地球環境的に望ましい状況が実現できるかどうかは，現在の経済機構が続く限り，あまり期待はできない．≫

≪見かけ上，消耗品の消費は減っても，激烈な競争下，短いサイクルで次から次へと作られ，あっという間に時代遅れとなる大量の売れ残りカメラを一体どこに廃棄処分したものか．その地球環境的負担なども，比較論に反映しないと意味がない．≫

≪最近のように，有名な撮影スポットに群がる写真好きな人々の数を見ると，記録に関連する作業すべての消費エネルギーもかなりの量になると思われる．美しい景色を求めて無数の写真好きが動き回り，挙句の果てに，地球上の水や森林の枯渇に手を貸しているのでは余りにも悲しい．≫
≪フィルムを使うにせよデジタルカメラを使うにせよ，「もったいない」の精神を忘れず，景色や自然をほしいままにむさぼるのは控えたいものである．≫

また，氏は別の機会に，≪人間の画質における感覚においては，眼の空間周波数特性から予想されるよりも高い空間周波数成分が非常に重要であり，その意味でも，デジタルカメラでは銀塩に比べて高い空間周波数成分が欠損することが画質に与える影響は大きい．≫と述べている．

7.2 画質に影響を与える要因

撮像から鑑賞までの全体において，人が目で見て感じる画質に影響を与える要因は何であろうか．図7.3は撮像から人による鑑賞までを総体として図示し

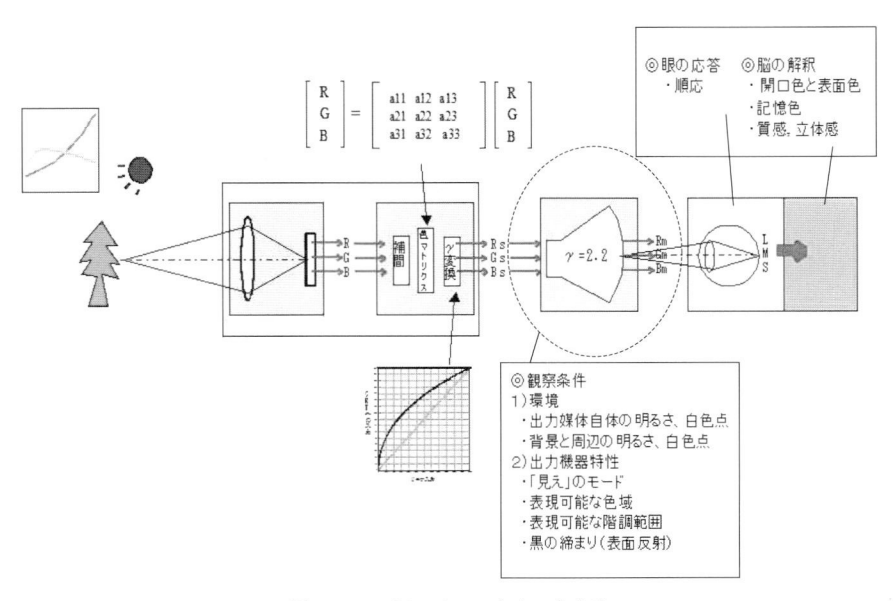

図 7.3 デジタルカメラと人の合成系

たものである．被写体からの光が DSC で撮像され，ディスプレイの発光強度にどのように反映されるかまでの理論的説明はすでに行った．この図を眺めると，目の感度分布と DSC の感度分布の関係における，線形性の要請の意味が自然に納得されるのではないだろうか．

ここでは画質に影響のある観察環境の因子と目の応答，さらには脳での解釈について整理してみる．鑑賞の結果，最終的に判断するのは人間の感性ということになろうが，その際に関係する要素を，出力機器特性，周辺視環境などの観察条件，そして人の知覚特性に分けて抽出列記してみると，

(1) 出力機器特性
・「見え」のモード：表面色モードと開口色モードの度合い
・表面の質感：ハードコピー，ソフトコピー
・黒の締まり（表面反射の大きさは画質への影響が大きい）
・表現可能な色域
・表現可能な階調範囲（ダイナミックレンジ）

(2) 観察周辺環境
・環境照明の明るさ
・環境照明の色温度

(3) 感覚・知覚特性（目の応答と脳での解釈）
・順応特性
・記憶（経験と学習の影響）：質感，立体感，識別能
・他の感覚器（五感）からの情報の影響：音，におい，触感
・開口色モード，表面色モードや光源状況に関する無意識の判断

色が表面色モードに見えるには周囲に他色の存在が必要で，光の分布から外界を認識して表面か光かを区別するのは視覚大脳系の働きである．画質に対する感性の形成には学習と経験の蓄積が必要であり，またその影響は大きい．

7.3 デジタルカメラと人の知覚

人が目で直接に被写体を見る場合は，目の網膜の3種の錐体の分光感度フィルターを通して世界を見ている．デジタルカメラで被写体を撮影し，その結果

をディスプレイを介して見る場合は，図7.3のようなデジタルカメラと人の合成系になっている．この場合は，中間にカメラの撮像素子のRGB3原色分光感度フィルターを介在させて見ていることになる．途中におけるディスプレイのγ変換とカメラ内の逆γ変換は（S字の加工特性を除けば），ディスプレイからの発光強度を被写体からの光強度と線形（比例関係）にすることなので相互に相殺する．このように考えれば，カメラのRGB3原色分光感度が，目の3種の錐体分光感度分布の線形変換になっていないといけないこと，そして両者の間に，線形関係を補正する3×3のマトリクスが介在しないといけないことは自然に了解されよう．

図7.4にデジタルカメラの場合と，目と脳の場合の類似性を図示した．目の角膜と水晶体によるレンズ作用が，カメラの撮影レンズに対応し，目の網膜が撮像素子に対応する．デジタルカメラはRGB3色の画素から構成される単板撮像素子をもち，目は網膜で光を感じる3種の錐体細胞（L錐体，M錐体，S錐体）からなる単板撮像素子をもつ．カメラの処理の中に，WB（ホワイトバランス）や，RGB3原色信号を輝度色差信号YCrCbに変換する部分があるが，人にも同等のプロセスがある[5]．

人の視覚系では情報は主として脳（大脳）で処理されるが，脳では場所ごとに処理内容が決まっている．視神経から脳に送られた情報は，後頭部の1次視覚野で線分の傾き，動き，奥行，反対色的知覚といった局所的処理を受ける．最初の段階で分解されたこのような局所的情報は，再び統合されて目で見た世界が脳内で3次元世界として認識されている．網膜の2次元情報から3次元を

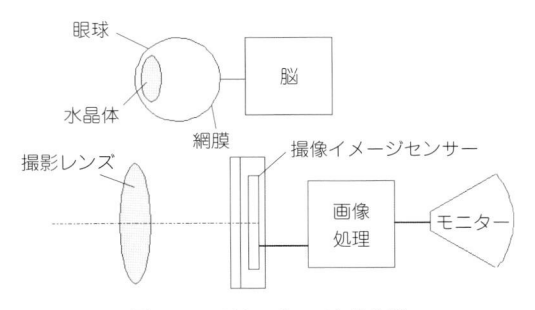

図7.4 デジタルカメラと目と脳

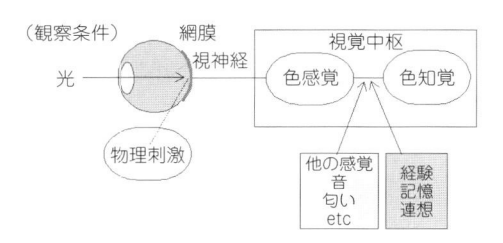

図7.5 目と脳による色感覚と色知覚

構築する段階での誤判断が錯視などの現象を生んでいる．

　人間の目と脳における処理のしくみを図7.5で概観してみる．光が網膜の3種の錐体細胞を刺激して生じた色情報は，大脳の視覚中枢で明るさ，色の感覚を生じる．こうして生じた「色感覚」は，観察の周辺状況や他の感覚と相互作用もふくめ，経験・記憶・連想などの影響も受けて，純粋な「色感覚」とは異なる「色知覚」になると考えられる．ここまでくるともはや主観の世界で，「色感覚」に対するような心理物理量としての理論的なアプローチが不可能になる．

　目の網膜に映じられた網膜像を，脳がどのようにして形と色の織りなす3次元像として再構成しているか，深くわかってくるほど目が本当は何を見ているのか，見ているものの実体性が怪しくなってくる．

　そもそも目は何を見ているのだろうか．網膜上の盲点においては，視細胞がないので，そこに映像が投影されていても像情報は取り入れることができないはずだが，脳はそれをあたかも見えているかのように「意識」にあげている．目は多くのデジタルカメラと同様に単板の撮像系で1細胞1色であり，単純に考えれば補間と偽色の問題が発生しているはずである．しかし脳における無意識下の画像処理の結果（固視微動など眼球運動の効果を活用するのだろうか），「意識」にはあたかも偽色の問題などは何もないかのように見せている．

　色は物理的な存在ではない．あまりに鮮やかで印象的なので，人は当然それが実在してるかのように思い込んでいるだけである．緑色をした観葉植物を見ている人に，この緑色は実在ではないのですよと言っても納得されにくい．そのあまりに鮮やかな色彩と存在感は，実在としてわれわれに迫ってくる．ニュートンは当時すでにこのことに気づいていて，色を物理的実在と考えていたわけ

ではない（付録 C.2 項参照）．

　再び写真の話に戻るが，静止画と動画では鑑賞形態が全く異なる．瞬時に画面が変化する動画では画面の周辺までは注意が行き届かないし，画像そのものより内容自体の意味と展開に心が奪われていることが多い．これに対して静止画の鑑賞では，写真を近づけて見たり離して見たり，時には斜めにして光線の加減を変化させて見たり，視線は主要被写体を詳細に追ったり背景や周辺を眺めたりして画面全体を走査する．写真展なら体を動かして見たり，いろいろな動きを伴って鑑賞する．このような動作を伴う鑑賞という面でも大きく異なるようである．

　カメラと人の視覚機能には類似性もあるが，カメラによる「撮影画像」と，目と脳で形成される内的な「視覚画像」とには大きな違いがある．カメラの「撮影画像」では全画面瞬時に記録されるのに対して，内的な「視覚画像」は視線の動きによる部分的な画像の脳内合成結果であり，合成の際には見ているときの運動情報や視覚以外の感覚情報，さらには過去の記憶情報も加味されて作成される．

　視知覚にはいろいろな付随物がまつわりついているので，開口を用いた視野に純粋な色を見る等色実験から，心理物理学として色の数学的な扱いができること自体が驚嘆すべきことにも思えてくる．色の数学的な扱いが可能なことが，デジタルカメラの画像処理を論理的に扱うことを可能にしているともいえる．しかし，画像や写真の鑑賞行為は，脳による「見え」の主観的体験であり，このような視覚世界の形成には経験による学習体験が大きく関与している．

　最近の視覚心理学や脳科学の進歩には著しいものがあり，視知覚のメカニズムが随分解明されている．そして条件付けされた環境下での結果ですべてを論じるのは適当ではないという指摘もある．

　写真の撮影や鑑賞には人の感性の問題が絡んでくる．生後まもなくの時期を横縞のない環境で過ごすと，横縞が認識できなくなるという動物実験があるというし，開眼手術で目の機能が回復しても世界が見えるようになるわけではないというから，成長過程での自然な環境と基本的な経験は欠かせない．こうして形成された基礎の上に，長い経験の蓄積を基盤とする知覚の領域がある．芸術の領域になると，その分野での多年にわたる学習効果と経験蓄積が不可欠で，

染物師は黒百色を見分けるいう．このような熟練者の体得的に形成された感性や情緒的な部分を論理で扱うことはできない．また顔の絡んだ認識にはなかなか数値化が難しいことが多い．顔の画像から肌の一部を抽出して，パッチとして表示してみると，これが顔の切り取った部分の色かと戸惑うこともある．顔の中にあると，血の気の通った肌に見えるから不思議なものである．これなども数値設計はできても，最後は感性判断が必要なことを物語る例だろう．写真画質を追求する上で最も難しい点である．最終的な絵作りには感性による判断に頼らざるをえないところが，写真の絵作りの難しさであると同時に，奥の深いおもしろさの源泉にもなっている．

現在はまだ視覚系全体を理解する段階には至っていないが，いずれその全容が明らかになってくるだろう．その処理過程が解明されても，さらにそれを認知するものは何かという「最終問題」が残る．しかし内観によって2000年以上も前から受想行識と表現された認識作用の本質は変わるものではない．

画質の感じ方についての秘密を解き明かすためには，それを観察しているものの特性を知らなければいけない．そのようなことに興味がある方のために，人の知覚に関する簡単な解説を付録に加えた．

文　　献

1) 久保走一：カラーポートレート写真の好ましい鮮鋭さ，*O plus E*, pp. 108-115, 1982年9月．
2) 佐藤　慈，児守啓史，小林裕幸：メディア画質について－世代による視覚印象の相違－，日本写真学会誌，Vol. 69, No. 5, pp. 347-351 (2006).
3) K. Kanafusa et al.: SPSTJ Annu. Meet, 2000, p. 101 (2000).
4) 本庄　知：デジタル撮像とフィルム撮像，日本写真学会誌，Vol. 68, No. 4, pp. 273-274 (2005).
5) 内川恵二監修：視覚心理入門－基礎から応用視覚まで，オーム社 (2009).

付　　録

A. OLPFの物理光学的特性

　光学ローパスフィルター（OLPF）は，水晶などの一軸性結晶の複屈折による二重像の発生をフィルターとして利用するもので，結晶の光学軸に対して所定の方向でカットされた平行平面板を組み合わせて作られている．最も普通の4点分離では，光学軸が直交するように2枚の複屈折板を配置し，第1複屈折板で常光線と異常光線に分離した後，1/4λ板で2つの直線偏光を円偏光に直し，第2複屈折板で第1複屈折板による光線分離の方向と直交する方向の常光線と異常光線に分離して，4点分離を行う（図2.14）．

A.1　1/4波長板（1/4λ板）

　1/4波長板は一軸性結晶を光軸と平行な平面でカットした平行平板である．「結晶軸の方向」に振動（電場）する直線偏光と，「結晶軸とは垂直な方向」に振動する直線偏光とは結晶内を別々の速さで進むため，ある波長の光に関して適当な厚さの水晶平行平板を用いれば，射出時には両者の位相差を任意の値にできる．波長λの光がその波長に関する1/4λ板に入射すれば，直線偏光は射出時には一般に楕円偏光に変わる．そして入射光の振動面（電場）が「結晶軸の方向」とちょうど45°の場合は円偏光になる．直線偏光の入射光の振動面が「結晶軸の方向」かまたは「結晶軸とは垂直な方向」に一致する場合は，1/4波長板を通過後もそのままの振動方向の直線偏光である．

A.2　複屈折板によるローパスフィルター効果

　複屈折の二重像によるローパスフィルター効果は，光軸法線と所定角度θの平面でカットされた複屈折性平行平板で得られる．

　光軸と光波の波面法線を含む主断面での，常光線と異常光線の伝搬の様子は図A.1のようなものであり，この場合は面内の1次元方向の分離となる．

　この2光線分離の光量が1:1であるためには，入射光は45°偏光（紙面内方

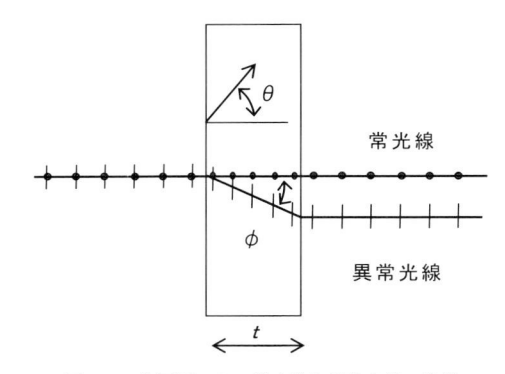

図 A.1 複屈折による常光線と異常光線の分離

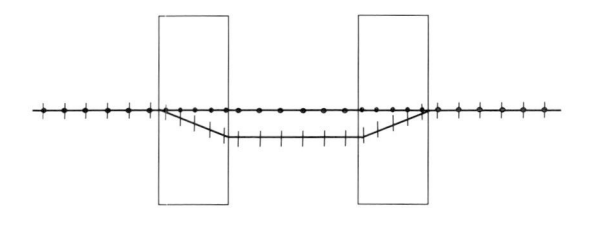

図 A.2 ローパスフィルター効果の相殺

第 1 ローパスフィルター　　第 2 ローパスフィルター

向と 45°の振動面）であるか，円偏光であるか，ランダムな偏光方向の直線偏光の集合からなる自然偏光であることが要求される．もし 2 枚目を逆方向で配置すれば，分離が戻ってもとの 1 光線になる（図 A.2）．

B. サンプリングと位相整合問題

サンプリングにまつわる問題としては，サンプリング周波数の 1/2 を境界とするナイキスト折り返しによるノイズ発生の問題がある．この問題は，サンプリング対象画像がサンプリング周波数の 1/2 以上の成分を有する場合に発生する．サンプリングピッチを P とすればサンプリング周波数は $f_s = 1/P$ であり，この 1/2 をナイキスト周波数 $f_N = 1/2P$ と呼ぶ．すなわち，対象画像がこのナイキスト周波数以上の成分を有する場合に折り返しノイズが発生する．画像の性質について議論しようとする場合，ナイキスト周波数以内の成分のみからな

B. サンプリングと位相整合問題

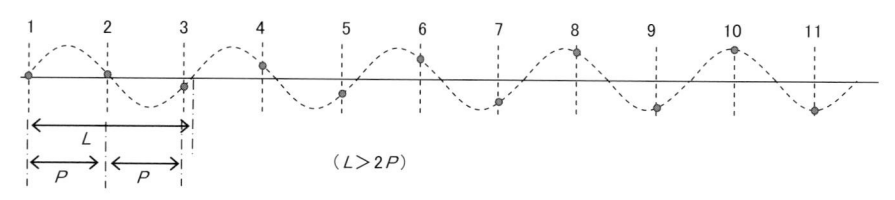

図 B.1 ナイキスト周波数よりわずかに小さい周波数の正弦波画像のサンプリング

る画像についても，入力画像のパターンと，サンプリングするタイミング（画像とサンプル点の相対位置）の位相整合の問題を念頭におく必要がある．撮影レンズの解像性能を分析する際に，3本線チャートを使用して議論することがあるが，空間的に局所的な部分の空間周波数情報を扱おうとする際に直面する問題である．局所性の扱い方に問題の本質があるので，フーリエ変換の性質自体に起因することである．

入力信号がナイキスト周波数以下の正弦波の場合について，具体的に図 B.1 の例で考えることにする．図ではサンプリングピッチ P に対して，そのナイキスト周波数である $1/2P$ より低い空間周波数（波長 L で $1/L<1/2P$）の正弦波をサンプリングピッチ P でサンプリングしている状態を示す．

図 B.1 から明らかなように，局所領域における入出力の p-p 振幅比を比べれば，

局所領域 [1, 2, 3] の「p-p 振幅比」は約 0.1： out of phase（位相外れ）状態

局所領域 [8, 9, 10] の「p-p 振幅比」は約 0.95： in phase（同位相）状態

である．このような局所領域での p-p 入出力振幅比を（サンプリングの位相関係による）「見かけの MTF」と呼ぶことにしたい（OTF の絶対値という厳密な MTF の定義を念頭におくとこの呼び方に引っかかりがあるかもしれないが，小領域の振幅伝達比という意味で便宜上そう呼ばせていただく）．

DSC のトータルとしての応答である SFR（spatial frequency response）の議論をするために，この SFR に影響を与える「光学系」の MTF，「撮像素子」の MTF，「画像処理」の MTF を考えることになる．この中に，実際的な要素として前記「見かけの MTF」も組み入れて，本論での解説を行った．

3本線解像チャートを使った画像解析への厳密な数学的アプローチは，意外

と真正面からは扱いにくいやっかいな問題のようである．空間的局所現象を扱うことの難しさはフーリエ変換の原理的特性による問題であり，数学的厳密性を求めれば窓関数を使わないといけないが，それはそれで窓関数自体が擾乱を与える．サンプル後の振幅の定義に厳密性に欠ける嫌いはあるが，実用的な割り切りとして p-p 振幅比（あるいは同類のもの）を「見かけの MTF」として考えようというものである．OTF の絶対値として定義された厳密な意味をもつ MTF と，この「見かけの MTF」を混在させて扱うのは抵抗があるかもしれないが，このような背景をわかった上で扱えば，実利的観点からは便利な表記法と考えられる．3 本線解像チャートが矩形波状の 3 つ山の場合はナイキスト周波数以上の成分も多く含むので，厳密な意味づけはさらにやっかいと思われる．

［フーリエ変換と不確定性原理］

フーリエ変換が微小領域の周波数特性を記述することに向いていないことが問題の本質なのであろう．そもそも微小領域の周波数特性という言い回し自体が不適当であろう．これがフーリエ変換という数学形式の本質で，実空間での局在を表すにはフーリエ変換後の周波数空間では広い周波数領域が必要であるし，周波数空間での局在を表すにはそれをフーリエ変換した実空間では広い領域を必要とする．この相補的な関係こそ，まさに不確定性原理の数学的基盤を与えるもので，不確定性原理を表すことができる数学形式がフーリエ変換であり，そして相補性を表現するために波束の考え方があることが思い起こされる．

C. 色彩科学の歴史

画像の「見え」を語るには，見る者である観察者の特性，すなわち目や脳における認知のされ方の特性について最小限の知識が必要である．それには色彩科学の歴史的な流れを知っておくことが役に立つ．そのような観点から，色彩に関する簡単な科学史と，目と脳に関する主要な特性を述べる．

色彩科学の発展の歴史を概観する．色彩学には様々な分野の人がかかわってきた．色彩についての物理的なとらえ方である外界からのアプローチと，主観に基づく内側からのアプローチがあったが，現在ではそれらが統合された理解に収斂していることは興味深い[1]．

C. 色彩科学の歴史　　*171*

C.1　色彩研究の歴史概観

◎色彩は学際的分野で，以下のようにいろいろな分野の人が関与してきた．

　哲学者：アリストテレス，デカルト

　物理学者：ケプラー，ニュートン，シュレーディンガー

　化学者：ドールトン，オストワルド

　生理学者：ヘルムホルツ，ヘーリング

　心理学者：ラッド・フランクリン

　芸術家：レオナルド・ダ・ビンチ，ゲーテ，マンセル

　医師：ヤング

◎歴史的には2つの流れがある：科学的アプローチと主観的アプローチ（表C.1）
色彩関連の代表的人物の業績を，以下に概観する[1]．

C.2　ニュートン

◎ニュートンの著書「光学（Optics）」にある一文

"For the Rays to speak properly are not coloured. In them there is nothing else than a certain power and Disposition to stir up a Sensation of this or that Colour."「正確にいえば光線に色はない．光線には様々な色の感覚を起こす，ある力と性質があるだけである．」[2]

◎虹の7色は，赤・橙・黄・緑・青・藍・菫である．ニュートンが助手とともに自分たちで見いだした色の区分で，後に虹の7色として広く知られるように

表C.1　色彩研究の歴史的な流れ

アプローチ	年	内　容
科学的	1704	ニュートン「光学：光の反射・屈折・回折・色に関する論述」
科学的	1801	ヤング三色説
（主観的）	1810	ゲーテ「色彩論」
科学的	1853	混色の法則を定式化＝グラスマンの法則
科学的	1860	ヘルムホルツ「視覚論」で三色説（仮説のまま100年経過）
（主観的）	1872	ヘーリングの反対色説
（主観的）	1915	「アトラス・オブ・ザ・マンセル・カラー・システム」
｛統合｝	1923	視覚の段階説（心理学者アダムス）
｛統合｝	1925	シュレーディンガーの統合（三色説と反対色説の統合）
科学的	1927	ライトの精密混色実験
科学的	1931	CIERGB表色系（心理物理学）
科学的	1967	富田恒男：錐体内電位変化を測定して三色説を実証

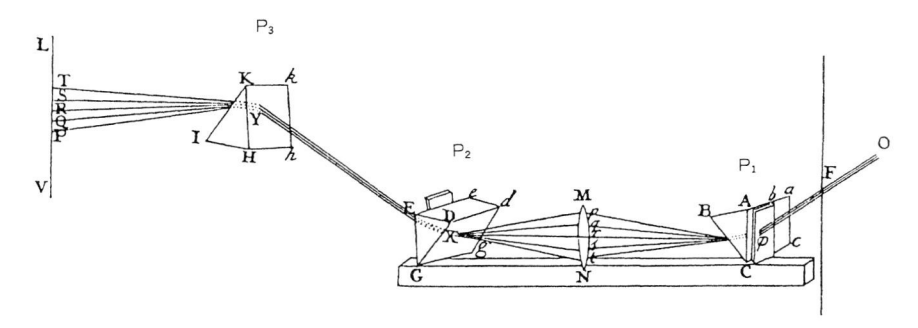

図 C.1 ニュートンの混色実験

なった[3]．

◎ニュートンの色円：ニュートンは，混色によって生じる色の予想のために，赤・橙・黄・緑・青・藍・菫の7色を円環状に並べ，色光の混合の重心から，混色してできる色を予想した（図 C.1）[4]．

C.3 ゲーテ

ニュートンの「光学」から約100年後の1810年に，色彩論の心理学的側面を追求したゲーテの「色彩論」が出版された．ゲーテは，明順応と暗順応，残像と色順応，明るさの対比と色の対比など，白と黒の対立と反対色間の対立の考えを論じている．

C.4 ヤングとヘルムホルツ

色の三色説は1801年にヤングにより提案され，その後ヘルムホルツによって体系化された．ヤングは干渉縞を研究して光の波動説を唱えたことや弾性率でよく知られているが，色彩に関しては，赤・黄・青を三原色として発表し，翌年赤・緑・菫を三原色とするように訂正している．

ヘルムホルツは「視覚論」で色覚論を展開している．ヤングが用いた粒子とか共振の概念は用いず，3種の神経線維（赤を感じる神経線維と緑を感じる神経線維と菫を感じる神経線維）について，6波長のスペクトル光 R, O, Y, G, B, V に対する興奮の程度を表す特性曲線を提案しており，混色の現象をよく説明している[4]．

C.5 ヘーリング

ヤングとヘルムホルツの三色説に対立する説として，ヘーリングの反対色説

(1872年）がある．三色説がニュートンによって見出された混色の事実を巧みに説明できるように，反対色説はゲーテの論じた順応や対比や残像の事実を説明するのに適している．

ヘルムホルツが，黄は赤と緑の混色でできるから原色とは考えなかったのに対して，ヘーリングは黄の感覚は赤味も緑味も含まれないユニークな感覚であるから原色とした．ヘーリングは，赤・緑・黄・青・白・黒を原色と考え，これを3対に分けて，赤と緑，黄と青，白と黒を反対色とした．

C.6　シュレーディンガー

この「三色説と反対色説の統合」の可能性を指摘したのが，量子力学の波動方程式で有名なシュレーディンガーである．1925年に論文を発表し，三色説と反対色説は著しく違うようだが，3変数で色覚を表そうとしている点で共通であることを指摘した．すなわち，以下のように数学的に一次変換で移り変わる．

$$\text{青-黄：} \quad X_1' = a(x_3 - x_2)$$
$$\text{緑-赤：} \quad X_2' = b(x_2 - x_1)$$
$$\text{白-黒：} \quad X_3' = c(\alpha \cdot x_1 + \beta \cdot x_2 + \gamma \cdot x_3)$$

ここで x_1, x_2, x_3 は三色説の3色の特性曲線であり，X_1' は反対色説の（青-黄）曲線，X_2' は反対色説の（緑-赤）曲線，X_3' は反対色説の（白-黒）曲線に対応する．

C.7　最近の研究

最近の研究では，同じ網膜内で，三色説を支持する神経生理学的事実が見出されるとともに，反対色説を支持する神経生理学的事実も見出されている．両者はその成立する段階が異なり，三色説は網膜の錐体段階，反対色説は網膜の水平細胞や外側膝状体の段階であることがわかった．

C.8　視覚の段階説とデジタルカメラの処理の類似性

図C.2の左の図は視覚の段階説モデルを図化したものである．左の縦列については，V' が暗所応答に優れるが色は感じない周辺視の桿体細胞の出力，L, M, S は中心視の3種の錐体細胞の出力である．これらが組み合わされる水平細胞での中間処理を介して，右の縦列の，明るさを表す V，（青-黄）を表す y/b，（緑-赤）を表す r/g の出力に変換され，水平細胞からの出力として脳の処理に送られる．

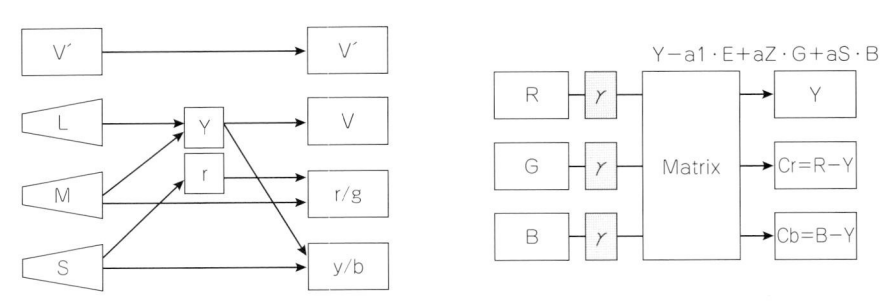

図 C.2 視覚と DSC の類似性

　右の図は DSC 内の処理を模式的に示したものである．イメージセンサーの3色画素から出力された R, G, B の値は，3×3のマトリクスを介して，明るさである輝度 Y と色度 Cr（赤-輝度）と Cb（青-輝度）の3出力に変換される．R, G, B を記録するより，Y, Cr, Cb のデータ形式で記録する方が情報効率が良い．空間の微細な構造の情報は輝度成分 Y に担わせて，空間分解能の悪い色情報はその記録情報量を減らすことができる．このように両者の間には大きな類似性がある．

　人間の視覚系では主として大脳で処理されるが，脳では場所ごとに処理内容が決まっている．網膜と脳の間には，外側膝状体と呼ばれる中継点が存在する．外側膝状体では右目と左目の情報をそれぞれについての右視野と左視野の情報に束ね直す．眼球の右半分の情報が右脳へ，左半分の情報が左脳へ伝達される．外側膝状体からの信号は後頭部の V1（1次視覚野）に到達し，V1 では局所的な線分の傾き，動き，視差から奥行などの基本的な属性が検出される．また V1 の二重反対色細胞は，R と G または Y と B に対して1つの細胞で拮抗的に応答することから反対色知覚と対応していることが知られている[5]．そこからさらに V2, V4, MT などの領域に伝達される．これらの領域では色，奥行，動きなど異なった視覚属性がある程度独立に処理される．処理の階層を上がるごとに，局所的な情報はより大局的な情報となって抽出される．

D. 目の構造と特性

D.1　錐体の感度分布の最近の測定結果[6]

　等色関数を求めるために1931年に CIE で標準観察者を定めた際には17名

の実験データの平均値を採用した．後に1964年には補助標準観察者や10°視野での観測者などについても定めている．最近の論文[6]では，等色関数の個人差がどの程度に存在するかを定量的に調べている．

装置は，グレーティング分光とDMDを組み合わせた任意スペクトル提示装置で，400～700 nmの範囲で半地幅がほぼ15～20 nmの単色性をもつ．装置はテスト刺激として10 nm間隔の波長の光を任意に組み合わせて提示することが可能である．通常の等色関数測定実験では，3原刺激の波長を固定してその加算の重みを変えて，単色テスト光との等色を行うが，ここでは分光組成の異なる多数の条件等色対を求め，その分光組成を分析する方法で等色関数を算術的に推定する手法を提案しており，1セッション1～2時間で32セットの等色をしている．

実験結果を図D.1に示す．実線の標準観測者等色関数とMK（23歳），YY

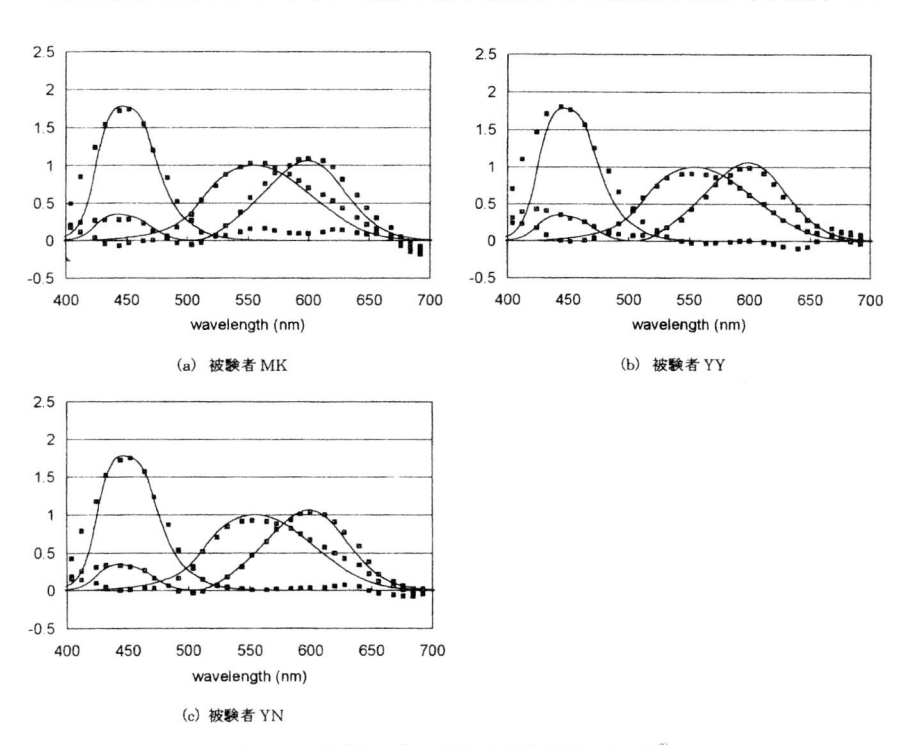

(a) 被験者MK

(b) 被験者YY

(c) 被験者YN

図D.1 視感度分布：最近の視感度測定結果の例[6]

(37歳), YN (42歳) の違いがわかる. この結果を見ると, すべての被験者の等色関数は異なっており, 標準観測者のそれ (実線) とも異なっていることがわかる.

D.2 目の構造

人の目は, 角膜, 瞳孔, 水晶体, 硝子体, 網膜などで構成される (図 D.2). 瞳孔径は 2 mm から 8 mm, 瞳孔径が 3 mm のとき網膜上に最も小さな像を結び, そのときの点像径はおよそ 5 μm である. 瞳孔径がこれより大きいと収差で点像が劣化し, これより小さいと回折で点像が劣化する. 網膜上で最も感度の良い中心窩で錐体細胞の大きさは 1.5〜2 μm であり, 網膜上の 5 μm が約 1 分の視角に相当する.

目のダイナミックレンジは非常に広く, 十分な順応時間が与えられれば, 100 万倍の光の変化に対応できる. 識別可能な階調数は, 500 階調も可能とする説もあるが, 普通は 100 段階を識別可能な階調数とする[7].

D.3 目の単純モデルと無収差仮定での角度分解能計算

以下の仮定で, 数値計算をしてみる (図 D.3). 焦点距離 $f = 17$ mm 相当 (空

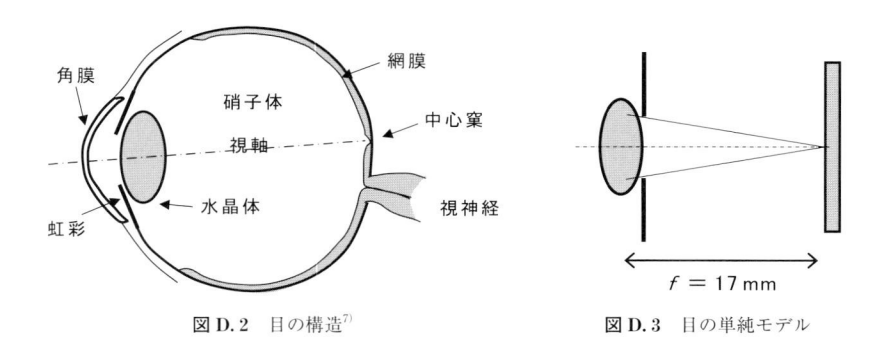

図 D.2 目の構造[7]

図 D.3 目の単純モデル

表 D.1 瞳孔径と回折のみによる分解能

瞳孔径 D (mm)	2	2.32	3.5	4	5	7
空気換算 $F = f/D$	F8.5	F7.3	F4.9	F4.3	F3.4	F2.4
$\Delta\theta$ (radian)	0.00034	0.00029	0.00019	0.00017	0.00014	0.00010
$\Delta\theta$ (分)	1.16	1	0.65	0.58	0.46	0.33
$f = 17$ mm での網膜上距離 $f \cdot \Delta\theta$ (μm)	5.8	5.0	3.2	2.9	2.3	1.65

D. 目の構造と特性

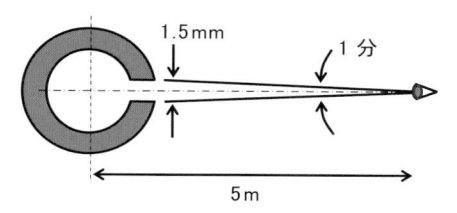

図 D.4 視力検査のランドルト環

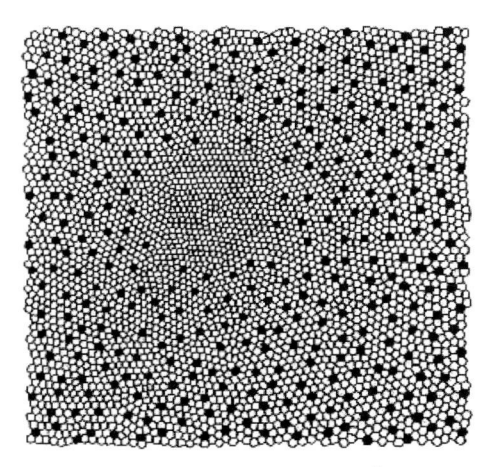

図 D.5 網膜中心部の錐体分布[8]

気中換算),絞り開口 $D=2〜7$ mm(明るさ F8.5〜F2.4 相当),波長 $\lambda=0.555$u(視感度ピーク)として,角分解能に $\Delta\theta=1.22\cdot\lambda/D$ を用いると,表 D.1 となる.

ところで,視力 1 の人の角分解能は 1 分であり,視力検査票の円環の開いたギャップの見込み角が 1 分である.$\Delta\theta=1.22\cdot\lambda/D$ から,視力 1 に相当する分解能 1 分相当の瞳孔径 D を求めると,$D=2.32$ mm となる(図 D.4).

D.4　網膜の構造[8]

図 D.5 は,人間の網膜の中心部(1 辺約 300 μm,視角約 1°)の錐体の分布を示している.黒が S 錐体,白が L,M 錐体を表す.S 錐体は全錐体の 5% 程度しかない.また網膜中心の 100μm(視角 20 分)の範囲には S 錐体がまったく存在しない.

D.5　網膜上の錐体比[9]

近年,非侵襲な方法で錐体の網膜上での存在比率を計測する技術が発達して

きた．それらの方法は，網膜像撮影方法と分光視感効率による推定方法で，前者は補償光学（adaptive optics）を用いて生体の網膜像を精密に撮影する手法と，錐体の選択的光反応特性を用いたものであり，後者は網膜電位法により分光視感効率を求め，L，M 錐体のピーク感度を用いてこの分光視感効率を重み付け，近似することにより推定する方法である．

その結果，L/M 錐体比は，前者で 0.37 から 16.5，後者で 0.35 から 11.5，存在比率のピークは L/M 錐体比 3 くらいであることがわかっている．いずれの方法からも，L/M 錐体比は被験者の間で大きく異なることが示された．

D.6　錐体と桿体の分布[10]

網膜上における錐体と桿体の密度分布を図 D.6 に示す．錐体は中心窩から網膜周辺視角約 5°の位置までに密度が急激に減少する．逆に桿体は周辺部 10〜20°で最大となる．網膜上鼻側では 10°くらいから盲点が存在する．

錐体は中央部のみに存在し，したがって，観察時には明るさと視角を規定する必要があることがわかる．

D.7　網膜の画素数と出力数

・画素数：視細胞の数は約 1.3 億個である（錐体 680 万個，桿体 1.25 億個）．
・出力信号数：神経節細胞数は視細胞数の約 1/100 の 125 万個である．
・視細胞層で電気信号のパターンに変換・特徴抽出され，脳神経系に出力される．
・視角 2°は錐体のみが働く明所視の条件として一つの基準である．

D.8　視線の動き[11]

眼球運動は，固視微動，追随運動，跳躍運動に大別される．固視微動はフリックと呼ばれる 0.03〜0.05 秒間隔で不規則に生じる視覚 20 分程度のステップあるいはパルス状の運動，視覚 15 秒程度の振幅角をもち 30〜100 Hz の周波数成分を有する微小振動トレモア，視覚 5 分以下でフリックの間に存在する非常に低速な変動であるドリフトに分けられる．特殊な手法でこの固視微動を止めた状態（静止網膜像と呼ぶ）では，像は知覚されないことが知られている．跳躍運動は，最高速度が 300°/秒にもなる高速な眼球運動で，視線を大きく変化させるときに生じる．追随運動は，運動物体を目で追うときのなめらかな眼球運動で，30°/秒程度である[11]．

D. 目の構造と特性

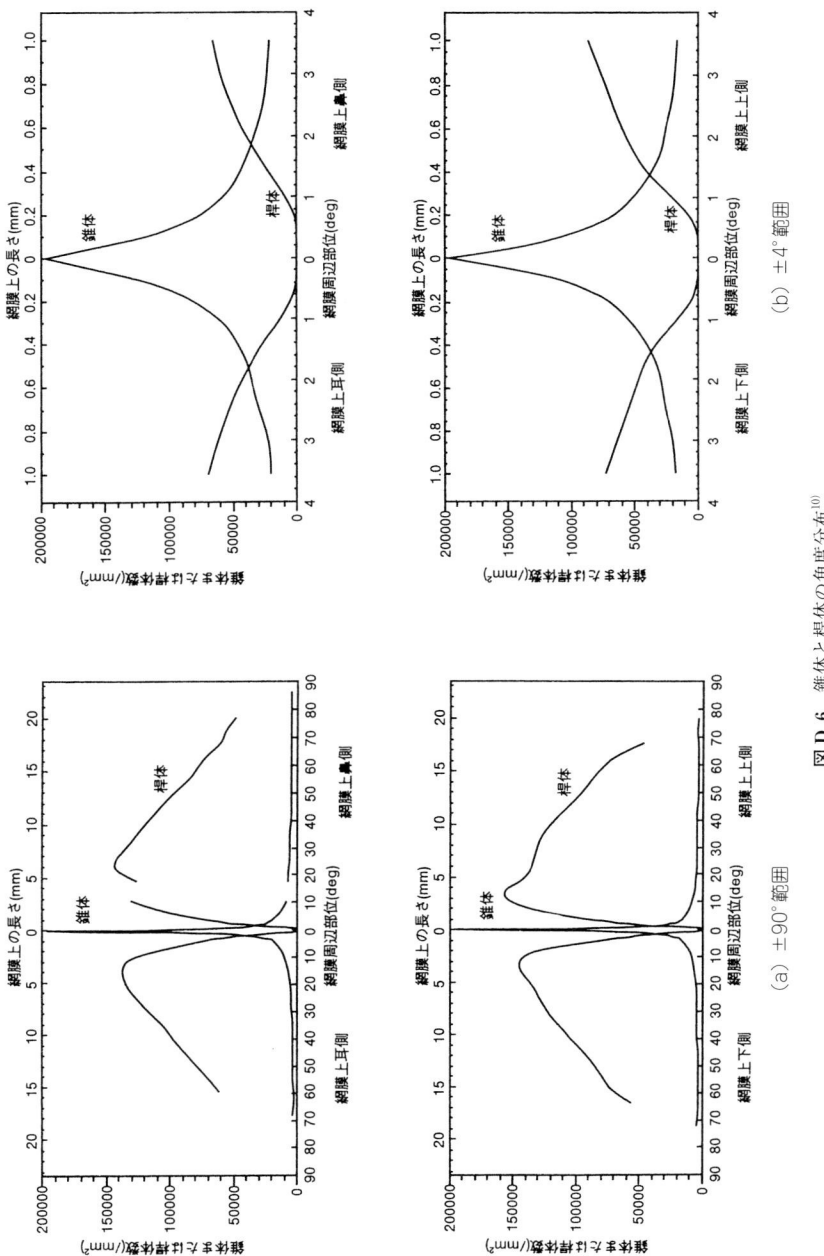

(a) ±90°範囲

(b) ±4°範囲

図 D.6 錐体と桿体の角度分布[10]

D.9 目の解像力と空間周波数特性：輝度成分と補色成分の空間分解能

様々な周波数の格子パターンに対する視覚系の空間周波数応答については，輝度情報は2 cycle/deg（30′/周期）をピークに帯域が広く，色差情報はほぼ0.3 cycle/deg をピークに帯域が狭い．補色成分の帯域は，赤-緑が最も広く，黄-青が最も狭い（図D.7）．推奨鑑賞距離の目安を，角分解能を1画素に割り当てることで求めるとすれば，視力1の人の解像は1分（1/3400ラジアン）であるから，推奨鑑賞距離は，NTSC-TVではたかだかHに525本の走査線なので約6H，HDTVではたかだかHに1080画素なので約3Hとなる．

D.10 ユニーク色

ヘーリングが反対色説をとなえた背景にはユニーク色という考え方があった．ヘーリングは色の見えを観察して，純粋な色相とは，赤・緑・黄・青であるとし，これをユニーク色とした．観察内容としては，
・赤と緑の共存する色はない，したがって赤と緑は反対色．
・青と黄の共存する色はない，したがって青と黄は反対色．
・橙には赤と黄が感じられるが，黄色は赤みも緑みも感じられない．
・赤はユニーク色だがスペクトル中にはなく赤紫線上にある．
・ユニーク黄とユニーク青は補色．ユニーク赤とユニーク緑も補色．

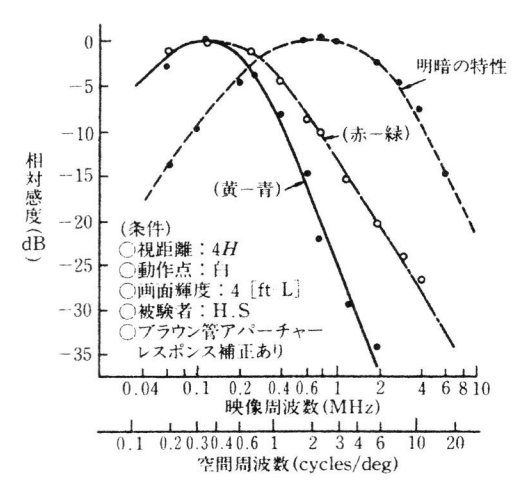

図D.7 視覚の空間周波数特性[12]

・ユニーク色とは反対色成分のうちただ一つの成分のみを含む色のこと.

輝度が変化しても影響を受けない,青475 nm,緑500 nm,黄580 nm,紫 c510 nm(510 nmの補色)の近辺の光をユニーク色といい,表示輝度が変動する条件下での安定した色表示として利用できる[13].

D.11　カテゴリー色[14]

われわれは色のテストをする際に,1つの色なら注意深く見ていればかなり正確に記憶できる.しかし日常生活では,特定の色に注意を払って覚えておくことはしない.色の記憶を考える場合,1つの色がどれだけ正確に記憶されるかではなく,どこまで曖昧になるかを調べることも重要で,色の記憶の曖昧さは,色のカテゴリー知覚が密接に関係している.われわれはある色を所定の色差の範囲で記憶するのではなく,白,黒,灰,赤,橙,茶,黄,緑,青,紫,桃などのカテゴリー色に分類して記憶している.色の記憶の曖昧さは,カテゴリーの内部にとどまっている.

E.　視覚の特性

E.1　ウェーバー–フェヒナーの法則:明度(輝度)弁別特性[13]

ウェーバーの法則は,人間が感覚的に区別できる最小の物理量の差 ΔB はその絶対値ではなく,その物理量 B の水準に比例的に変化し,ウェーバー比 $\Delta B/B =$ 一定であるというものである.

物質世界と精神世界の関連の解明をめざしたフェヒナーの法則は,感覚の大きさは刺激の大きさの対数に比例する $dE = k \cdot dB/B$,というものである.

基準輝度 L に対して,明るさの変化が検出できる最小輝度 ΔL を輝度対数比(ウェーバー比,$\log(\Delta L/L)$)は,明順応と暗順応で大きく変わるが,十分明るければ,$\Delta L/L = 1/50 \sim 1/100$ の変化を検出できる能力があり,したがって,一般画像で自然な明暗変化を再現するには,100段階以上が必要であるとされる.

輝度刺激 L と見かけの明るさ B の関係を尺度化した式としては,

①ウェーバー–フェヒナー(Weber-Fechner)の法則
$$B = k \cdot \log L + C \quad (k, C は定数)$$

②スティーブンス(Stevens)則:見かけの明るさは輝度のべき関数に比例
$$B = k \cdot (L - L_0)^a \quad (k は定数,a はべき乗)$$

E.2　ベツォルト-ブリュッケ（Bezold-Brücke）現象[13,15]

この現象は，波長によって色相が決まるという単純な関係が成立しないことを示す代表的な例である．波長を一定にしたまま，強度を変えると色相が変わって見えることがある．一般に暗いと，黄緑と青緑は緑味を増し，青紫と橙の光は赤味を増す．一方，明るくなると，橙と黄緑の光は黄味を増し，青紫と青緑の色は青味を増す．いいかえると，可視全域の色光輝度を高めると，青や黄に見える領域が広がり，低輝度にすると赤や緑の領域が広がる方向に色相が変化して見える現象である．

E.3　アブニー（Abeny）現象[13]

色相（主波長）は変化させず，彩度だけを変化させると，見かけの色が黄（570 nm）と紫（550 nm の補色）の方にずれる現象である．青：450〜475 nm，緑：490〜510 nm，黄：580〜600 nm，紫：500〜550 nm の補色の領域の色光は色ずれが生じにくく，人間の色知覚の基本色と考えられる．

E.4　ヘルムホルツ-コールラウシュ（Helmholtz-Kohlrausch）現象[13]

等輝度の色光でも，高彩度な色になるほど，感覚的には明るく感じる現象である．

E.5　色対比現象[13,15]

刺激の物理量が同じでも，その刺激の周辺条件が変化すると，周辺の刺激との差を強調する方向に変化して見える現象である．

E.6　スティーブンス（Stevens）効果[16]

照度の高いところで，コントラストが上昇して見える効果である．

E.7　ハント（Hunt）効果[16]

照度の高いところで，彩度が向上して見える効果である．

E.8　マッハバンド[17]

明るさの段差のある部分の輪郭が強調されて見える現象である．暗い領域と明るい領域が接していて，その境界部分がなだらかに暗から明へとその明るさを変化させている部分において，明るいところから暗くなり始める境界のところで境界にそって帯状に，明るさがいったん増して暗くなり始め，また暗いところから明るくなり始めるところでは，明るさがいったん減少して暗くなってから明るくなるように見える現象である（図 E.1）．マッハは 1865 年にこの輪

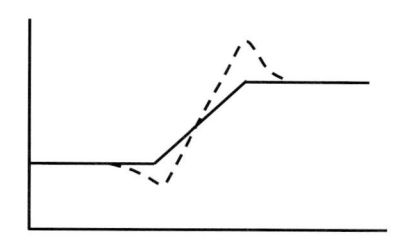

図 E.1 マッハバンド

郭強調現象を発見しており，この現象をマッハ現象と呼び，境界にそった帯状の明（暗）の帯をマッハバントと呼ぶ．

現在，この現象については，光を受けた視細胞からの信号を脳に伝達する視神経につなげる際に，周辺の視細胞からの信号に関しては負の寄与を与えるようなつなげ方をすることが原因であることが判明している[18]．このことは，われわれが画像処理において輪郭強調処理として行っていることと同等の内容である．

「物理的」な対象とそれを認知する「感性的」活動との関係を論じたマッハのアプローチは参考になるところも多い．ここで簡単にマッハについて解説しておく．

エルンスト・マッハ（1838-1916）はウィーン哲学界の重鎮で，その哲学はマッハ哲学と呼ばれ，一般相対性理論形成にも影響を及ぼした．その世界観は要素一元論（要素とは主観でも客観的でもない中性的諸感覚）で，「客観的実在が主観に影響して感覚を生じる」という考えを批判した．

≪客観的実在について，我々が知りうるのは，結局，それが主観に働きかけてしかじかの感覚を生ぜしめること，唯これのみ．客体そのものがいかなるものであるかについては，遂に不明である．≫

マッハは「客観的実在」は無用無価値であるばかりか存在しないと主張した（エルンスト・マッハ「感覚の分析」）[18]．

E.9 色順応

蛍光灯の部屋から急に白熱灯の部屋に移ると，視野全体が黄色みを帯びて感じられるが，しばらくたつとそれが気にならなくなり，周囲が正常な色彩に戻ってくる．この現象は色順応と呼ばれるもので，ゲーテの「色彩論」にもすでに

その記述がある．色順応によって，見続けている色の鮮やかさがしだいに低くなり，色あせてくる．その見かけ上の彩度低下は，緑が一番早く，赤，青がそれに次ぐ．また，暗いほど色順応の効果は大きいという[19]．

分光感度自体は変化しないが，錐体相互の感度バランスが，順応光に含まれる三刺激値の比率に逆比例して影響を受けるとする「フォン・クリース（von Kries）色順応式」や，「非線形処理を加えたモデル」(MacAdam，納谷ら）も提案されている．

E.10　メタメリズム

スペクトル成分が違っても同じ色に見える光はいくらでもあることをメタメリズム（metamerisn，条件等色）という．可視域の多数の色を3種の分光感度分布のセンサーで感知している当然の結果である．したがって，2つの色パッチの分光分布が異なれば，ある光源下では同じ色に見えても，別の色温度の光源下では同じ色に見えないということが発生する．

E.11　錯　視

錯視は不思議な現象である．われわれは色や明るさを単独にそれ自体で見ることは難しく，必ず周囲との対比で見ている．図E.2の「チェッカーシャドー錯視」では，AとマークのあるパッチとBとマークのあるパッチは同じ明るさ（切り出せば同じ明るさ）だが，そのようには見えない．また，図E.3の作品「キューブ」では（原画はカラー），上面中央のパッチは茶色に見え，手前の陰になった面の中央のパッチは橙色に見える．これらは切り出すと同じ色

図 E.2　錯視図1：チェッカーシャドー錯視（Edward H. Adelson）[20]

図 E.3 錯視図2：作品「キューブ」（原画はカラー，Laboratory of Dale Purves, Center for Cognitive Neuroscience, Duke University）[20]

だが，絵の中では同じに見えない．写真画像の中で部分的な箇所の色を論じるときも，この問題がつきまとう．

F．測　　光

測光の基本的な用語を以下にまとめる[21]．
- 測光（photometry）：光の明るさを定量的に測定すること．
- 測光量（photometric quantity）：光量，光束，光度，照度，輝度
  測光量は，対応する放射量（物理量）に視感度を掛けて得られる．
  測光量は，心理物理量（psychophysical quantity）である（表 F.1）．
- ランベルト（Lambert）の余弦則：$dI_\theta = dI_n \cdot \cos\theta$，ここで I は光度を表す．
  法線方向の輝度 L_n，法線方向の光度 dI_n で，$L_n = dI_n/dS$ である．
  法線から θ 方向の輝度 L_θ，法線方向の光度 dI_θ で，$L_\theta = dI_\theta/(dS \cdot \cos\theta)$ である．
  完全拡散面はすべての方向の輝度が等しいので，$L_n = L_\theta$ から求まる．
- 完全拡散面光源：すべての方向の輝度が等しい．ランベルトの余弦則に従う光源である．

表 F.1　測光の基本的な用語[21]

測光量			放射量	
用語	単位	定義	用語	単位
光量 (quantity of light)	lm·s	Q	放射エネルギー	J
光束 (luminous flux)	lm	$\phi = dQ/dt$	放射束	W(J/S)
光度 (luminous intensity)	lm/sr (cd)	$I = dQ/(dt \cdot d\omega)$	放射強度	W/sr
照度 (illuminance)	lm/m² (lx)	$E = dQ/(dt \cdot dS)$	放射照度	W/m²
輝度 (luminance)	lm/(sr·m²) (cd/m²)	$L = dQ/(dt \cdot d\omega \cdot dS \cdot \cos\theta)$	放射輝度	W/(sr·m²)

t：時間，ω：立体角，S：面積，θ：観察方向と面法線とのなす角

・均等拡散反射面：ランベルトの余弦則に従う反射面である．
・完全拡散反射面：反射率 1 の均等拡散反射面である．
・照度 $E(\mathrm{lx})$ と輝度 $L(\mathrm{cd/m^2})$ の関係：完全拡散面の面上照度が E なら，これを 2 次光源とする面照度 L は $L = E/\pi$ である．

G. 光　源

　CIE は測定用の標準の光として，標準イルミナント (illuminant) を決めている（表 G.1）．標準の光は数表で分光分布を規定し，三刺激値計算に用いる．標準の光 B, C については，標準の光 A に規定のフィルターをかけて太陽光に近似した可視波長域特性が作られている．しかし紫外波長域の特性が不十分で使われない方向にある．これにおきかわって CIE 昼光（昼光イルミナント）として規定された D65（図 G.1）は昼光の可視域および紫外波長域の特性を有し，現在よく使われている．CIE 昼光の標準の光 D65 の問題点は，これらが数値規格として決められていて色彩科学の計算には使われるが，標準光源とし

表 G.1　測定用の光

測光用の光	内　容
標準の光 A	白熱電球に似た光源．相関色温度は 2856K.
補助標準の光 B	相関色温度は 4874K.
標準の光 C	平均的な北窓からの光で物体色測定用光源．相関色温度は 6774K.
標準の光 D65	標準的な昼光．相関色温度 6500K の測色用の光.
補助標準の光 D50, D55, D75	相関色温度 5000K, 5500K, 7500K の測色用の光.

参考資料：日置隆一：測光・測色[21]．大田　登：色彩工学[22]

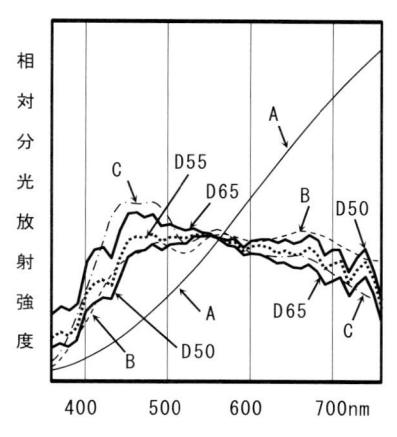

図 G.1 CIE 標準イルミナントの分光分布

て正式に実現したものがないことである．また，CIE 昼光の地域による差異の問題も吟味が必要なようである．

文　献

1) 大山　正：色彩心理学入門，中公新書（1994）．
2) 内川恵二：色覚のメカニズム，p.7，朝倉書店（1998）．
3) 大山　正：色彩心理学入門，p.6，中公新書（1994）．
4) 大山　正：色彩心理学入門，p.14（要約），p.62，中公新書（1994）．
5) 内川恵二監修：視覚心理入門，オーム社（2009）．
6) 山内泰樹，他：任意スペクトル提示装置を用いた等色関数の測定，カラーフォーラム JAPAN2003，pp.29-132（2003）．
7) 沢山　昇：視覚特性と電子写真，日本画像学会誌，Vol.41，No.4，p.343（2002）．
8) 内川恵二：人間は本当に青に鈍感なの？　映像情報メディア学会誌，Vol.56，No.9，pp.1462-1463（2002）．
9) 山内泰樹：生態網膜上の錐体比の測定，視覚の科学，Vol.30，No.3，pp.57-63（2009）．
10) 内川恵二：色覚のメカニズム，p.18，朝倉書店（1998）．
11) 三宅洋一：ディジタルカラー画像の解析・評価，p.76，東京大学出版会（2000）．
12) 日本色彩学会編：新編色彩科学ハンドブック，第2版，p.1022，東京大学出版会（1998）．
13) 辻内順平・大木裕史ほか編：光学技術ハンドブック，pp.644-646，朝倉書店（2002）．
14) 内川恵二：色覚のメカニズム，p.175，朝倉書店（1998）．
15) 大山　正：色彩心理学入門，p.183，中公新書（1994）．
16) 日本色彩学会編：新編色彩科学ハンドブック，第2版，p.1205，東京大学出版会（1998）．
17) 池田光男：眼はなにを見ているか，pp.147-177，平凡社（1988）．

18) エルンスト・マッハ:感覚の分析(叢書・ウニベルシタス), p.336, 法政大学出版局 (1971).
19) 大山　正:色彩心理学入門, p.192, 中公新書 (1994).
20) 北岡明佳監修:錯視完全図解―脳はなぜだまされるのか？　pp.41-51, Newton 別冊 (2007).
21) 日置隆一:測光・測色, 光学技術, vol.4 (1977).
22) 大田　登:色彩工学, 東京電機大学出版局 (1996).

参 考 文 献

光学，色処理，画像処理関連
大田　登：色彩工学，東京電機大学出版局（1996）．
小倉磐夫：現代のカメラとレンズ技術，写真工業出版社（1982）．
小野定康，鈴木純司：わかりやすいJPEG・MPEG2の実現法，オーム社（1995）．
蚊野　浩監修，映像情報メディア学会編：デジカメの画像処理，オーム社（2011）．
河村尚登，小野文孝監修，画像電子学会編：カラーマネジメント技術，東京電機大学出版局（2008）．
日下秀夫監修：カラー画像工学，オーム社（1997）．
洪博哲：お話・カラー画像処理：デジタル写真はあなたをだます，CQ出版社（1999）．
篠田博之，藤枝一郎：色彩工学入門，森北出版（2007）．
渋谷眞人，大木裕史：回折と結像の光学，朝倉書店（2005）．
田島譲二：カラー画像複製論—カラーマネジメントの基礎，丸善（1996）．
鶴田匡夫：光の鉛筆3，新技術コミュニケーションズ，アドコム・メディア（1993）．
日置隆一：測光・測色，光学技術，vol.4（1977）．
三宅洋一：ディジタルカラー画像の解析・評価，東京大学出版会（2000）．

視覚特性，視覚心理関連
池田光男：眼はなにを見ているか，平凡社（1988）．
池田光男：視覚の心理物理学，森北出版（1995）．
池田光男，芦澤昌子：どうして色は見えるのか，平凡社（1992）．平凡社ライブラリー（2005）．
内川恵二：色覚のメカニズム，朝倉書店（1998）．
内川恵二監修：視覚心理入門，オーム社（2009）．
大山　正：色彩心理学入門，中公新書（1994）．
大山　正，齋藤美穂編：色彩学入門—色と感性の心理，東京大学出版会（2009）．
金子隆芳：色の科学—その心理と生理と物理，朝倉書店（1995）．
藤田一郎：「見る」とはどういうことか—脳と心の関係をさぐる，化学同人（2009）．
土肥英三郎：http://www.cns.nyu.edu/~edoi/pub/doi-colorreview.pdf．

北岡明佳監修：錯視完全図解－脳はなぜだまされるのか？　Newton 別冊（2007）．
山口真美：視覚世界の謎に迫る－脳と視覚の実験心理学，ブルーバックス（2005）．

ハンドブック

辻内順平，他編：最新光学技術ハンドブック，朝倉書店（2002）．
高木幹雄，下田陽久編：新編 画像解析ハンドブック，東京大学出版会（2004）．
日本色彩学会編：新編色彩科学ハンドブック，第3版，東京大学出版会（2011）．

洋書

M. D. Fairchild：Appearance Models, Addison Wesley（1998）．

E. J. Giorgianni and T. E. Madden：Digital Colour Management, Addison Wesley（1997）．

L. W. MacDonald and M. Ronnier Luo：Colour Imaging：Vision and Technology, Wiley（1999）．

Roy S. Berns：Billmeyer and Saltzman's Principles of Color Technology, 3rd ed., Wiley-Interscience（2000）．

索　　引

Adobe RGB 色空間　88, 92
CAM　149
CFA　35, 48
CIE 昼光　186
CIE RGB 色空間　91
CIE RGB 表色系　80
CIE XYZ 色空間　91
CIE XYZ 表色系　82
CIECAM02　151
CIELAB　85
CIELUV　86
CRT ディスプレイ　140
DCF　138
DCF オプション色空間　88, 92
DCT　128
Exif 規格　138
Exif/DCF　137
FPN　60
HSV 色空間　122
I. V.　156
ICC プロファイル　131
ISO 感度　63
JPEG 圧縮　128
JPEG 画像　37
LMS 色空間　98
LUT　124
MTF　10, 13, 20, 25, 29, 32, 35, 37, 58
NTSC 色空間　95
OLPF　10, 19, 25, 31, 38, 56, 167
　　——の有無　53
opRGB 色空間　92

opRGB 標準視環境　93
OTF　13
PCS　131, 133
PSF　20
PTF　13
RAW 画像　37
REI　64
rg 色度図　82
RIMM RGB　137
ROMM RGB 色空間　96
ROMM RGB 標準視環境　96
S 字特性　115
SCID　136
scRGB 色空間　90
SFR　10, 19, 38, 169
SOS　63
sRGB 色空間　87
sRGB 等色関数　91
sRGB 標準視環境　89
sYCC 色空間　116
TIFF 画像　37
WB　113
xvYCC 色空間　118
xy 色度図　83
YCrCb 変換　115

ア　行

明るさ　70
アパーチャー　11, 29
アパーチャー感度分布　14
アブニー現象　182

索　引

異常光線　26, 167
1画素3層構造　57
イメージセンサー　1
色感覚　68, 71, 164
色空間変換　75, 105
色再現　106, 147
　　好ましい——　107
色収差　127
色順応　101, 183
色順応処理　133
色対比現象　182
色知覚　68, 164
色の三属性　69
色の見えのモデル　148

ウェーバー比　181
ウェーバー-フェヒナーの法則　181

エアリーディスク　20
遠近感　4
エントロピー符号化　128

折り返し歪み　16, 18, 25, 40
オンチップマイクロレンズ　29

カ　行

開口　11
開口色　66
回折ボケ　22
階調数　62
ガウス像点　22
画質　59, 62
加重加算フィルター　19, 36
画素開口　29
画素数　62
カテゴリー色　181
カメラの色再現　112
カラーフィルターアレイ　35
カラフルネス　70
カラーマネジメント　130
完全順応　115
桿体　178

機器独立色再現　131
輝度　80, 186
輝度不変の法則　8
球面収差　23
均等色空間　85

空間周波数応答　10, 19, 20, 37
矩形強度分布　14
櫛形関数　12, 14
グラスマンの法則　71
クリスの式　58

原刺激　72
原色CFA　49
顕色系　68

光学ローパスフィルター　10, 19, 25, 31, 38, 56, 167
光源　186
広色域液晶ディスプレイ　140
黒色点　96
固定パターンノイズ　60
混合順応　151
混色系　68
混色の法則　71
コンボリューション　13

サ　行

彩度　69, 70
錯視　67, 184
撮影レンズの像　38
撮像光学系　1
三刺激値　72, 74
　　——の変換　76
三色説　172
サンプリング　11, 32, 168
サンプリング定理　17

視覚印象　157
視覚系の空間周波数応答　180
視覚の3色性　71
色域マッピング　142, 147

色差　85
色相　69
色票　68
軸上色収差　127
視線の動き　178
写真画像の相似性　8
写真の好ましさ　156
収差補正　127
出力機器特性　162
出力参照色空間　136
条件等色　184
常光線　26, 167
信号のS/N　61
シーン参照色空間　136
心理物理量　71

推奨観察条件　145
推奨露光指数　64
錐体　81, 178
　── の感度分布　174
スティーブンス効果　182
スティーブンス則　85, 181

静止網膜像　178
赤外カットフィルター　26

像面深度　6
測色的色再現　106, 148
測光　185
ソフト出力　145

タ　行

第1暗環半径　20
対応する色再現　107
ダイナミックレンジ　62
たたみ込みの定理　13
単純補間　54
単色イメージセンサー　39
単板式　47

チェッカーシャドー錯視　184
知覚の恒常性　67

ディスプレイ参照色空間　137
ディベイヤー　51
デフォーカス面　22
点像分布関数　11, 20

等エネルギー白色　80
等価画素サイズ　58
等色相線の曲がり　135
等色　72
等色関数　71, 73
　── の変換　76
等色関数 $\bar{x}(\lambda)$, $\bar{y}(\lambda)$, $\bar{z}(\lambda)$　82
等色実験　71
等ヒュー・クロマ曲線　86

ナ　行

ナイキスト周波数　17
ナイキスト領域　16
2次元ナイキスト領域　39
ニー特性　124
入力参照色空間　136

ノイズ　124

ハ　行

倍率色収差　127
白色点　96
　── によるマトリクスの規格化　77
白色点変換　102
ハード出力　141, 145
ハフマン符号化　128
波面収差　22
反対色説　172
ハント効果　182
ハント分類　106
ハント-ポインター-エステビッツ変換　98

光ショットノイズ　60
被写界深度　6
標準化団体　136
標準観測者等色関数　175

索　引

標準視環境　88
標準出力感度　63
標準の光　186
標準分光視感効率　80
表色系　68
標本化定理　17
表面色　66

フェヒナーの法則　181
フォン・クリースの色順応予測式　102
不完全順応　115, 151
複屈折　25, 167
ブラッドフォード色空間　97
フーリエ変換　12, 170
プリント参照色空間　137

ベイヤー配列　40, 49, 51
ベースラインノイズ　60, 62
ベツォルト-ブリュッケ現象　182
ヘルムホルツ-コールラウシュ現象　182

飽和電荷量　62
飽和度　70
補間法　51
補色 CFA　49
ホワイトバランス　113

マ　行

マクアダム楕円　86
マッハ現象　183

マッハバンド　182
間引き読み出し　44
マンセル色立体　68

見えのモデル　148
見かけの MTF　33, 169

無輝面　82
無収差レンズ　20

明所視　81
明度　69, 70
明度係数　80
メタメリズム　184
目の構造　176

網膜の構造　177

ヤ　行

ユニーク色　180

1/4 波長板　26, 167

ラ　行

ランベルトの余弦則　185

ルーター条件　109
ルックアップテーブル　124

ローパスフィルター　167

著者略歴

歌川　健（うたがわ　けん）

1948 年　岐阜県で生まれる
1973 年　東京大学大学院工学系研究科修士課程修了
現　在　株式会社ニコン映像カンパニー歌川研究室室長
　　　　ニコンフェロー

光学ライブラリー 5
デジタルイメージング　　　定価はカバーに表示

2013 年 9 月 10 日　初版第 1 刷

著　者　歌　川　　　健
発行者　朝　倉　邦　造
発行所　株式会社　朝　倉　書　店
　　　　東京都新宿区新小川町 6-29
　　　　郵便番号　162-8707
　　　　電　話　03（3260）0141
　　　　F A X　03（3260）0180
　　　　http://www.asakura.co.jp

〈検印省略〉

© 2013 〈無断複写・転載を禁ず〉　　印刷・製本　東国文化

ISBN 978-4-254-13735-4　C 3342　　Printed in Korea

JCOPY ＜（社）出版者著作権管理機構　委託出版物＞

本書の無断複写は著作権法上での例外を除き禁じられています．複写される場合は，そのつど事前に，（社）出版者著作権管理機構（電話 03-3513-6969, FAX 03-3513-6979, e-mail: info@jcopy.or.jp）の許諾を得てください．

東京工芸大 渋谷眞人・ニコン 大木裕史著
光学ライブラリー1
回折と結像の光学
13731-6 C3342　　A5判 240頁 本体4800円

光技術の基礎は回折と結像である。理論の全体を体系的かつ実際的に解説し，最新の問題まで扱う〔内容〕回折の基礎／スカラー回折理論における結像／収差／ベクトル回折／光学的超解像／付録（光波の記述法／輝度不変／ガウスビーム他）／他

上智大 江馬一弘著
光学ライブラリー2
光物理学の基礎
——物質中の光の振舞い——
13732-3 C3342　　A5判 212頁 本体3600円

二面性をもつ光は物質中でどのような振舞いをするかを物理の観点から詳述。〔内容〕物質の中の光／光の伝搬方程式／応答関数と光学定数／境界面における反射と屈折／誘電体の光学応答／金属の光学応答／光パルスの線形伝搬／問題の解答

前東大 黒田和男著
光学ライブラリー3
物理光学
——媒質中の光波の伝搬——
13733-0 C3342　　A5判 224頁 本体3800円

膜など多層構造をもった物質に光がどのように伝搬するかまで例題と解説を加え詳述。〔内容〕電磁波／反射と屈折／偏光／結晶光学／光学活性／分散と光エネルギー／金属／多層膜／不均一な層状媒質／光導波路と周期構造／負屈折率媒質

宇都宮大学 谷田貝豊彦著
光学ライブラリー4
光とフーリエ変換
13734-7 C3345　　A5判 196頁 本体3600円

回折や分光の現象などにおいては，フーリエ変換そのものが物理的意味をもつ。本書は定本として高い評価を得てきたが，今回「ヒルベルト変換による位相解析」，「ディジタルホログラフィー」などの節を追補するなど大幅な改訂を実現。

東大 大津元一・テクノ・シナジー 田所利康著
先端光技術シリーズ1
光学入門
——光の性質を知ろう——
21501-4 C3350　　A5判 232頁 本体3900円

先端光技術を体系的に理解するために魅力的な写真・図を多用し，ていねいにわかりやすく解説。〔内容〕先端光技術を学ぶために／波としての光の性質／媒質中の光の伝搬／媒質界面での光の振る舞い(反射と屈折)／干渉／回折／付録

東大 大津元一編　慶大 斎木敏治・北大 戸田泰則著
先端光技術シリーズ2
光物性入門
——物質の性質を知ろう——
21502-1 C3350　　A5判 180頁 本体3000円

先端光技術を理解するために，その基礎の一翼を担う物質の性質，すなわち物質を構成する原子や電子のミクロな視点での光との相互作用をていねいに解説した。〔内容〕光の性質／物質の光学応答／ナノ粒子の光学応答／光学応答の量子論

東大 大津元一編著　東大 成瀬 誠・東大 八井 崇著
先端光技術シリーズ3
先端光技術入門
——ナノフォトニクスに挑戦しよう——
21503-8 C3350　　A5判 224頁 本体3900円

光技術の限界を超えるために提案された日本発の革新技術であるナノフォトニクスを豊富な図表で解説。〔内容〕原理／事例／材料と加工／システムへの展開／将来展望／付録（量子力学の基本事項／電気双極子の作る電場／湯川関数の導出）

東大 大津元一著
ドレスト光子
——光・物質融合工学の原理——
21040-8 C3050　　A5判 320頁 本体5400円

近接場光＝ドレスト光子の第一人者による教科書。ナノ寸法領域での光技術の原理と応用を解説〔内容〕ドレスト光子とは何か／ドレスト光子の描像／エネルギー移動と緩和／フォノンとの結合／デバイス／加工／エネルギー変換／他

東大 大津元一著
光科学への招待
21030-9 C3050　　A5判 180頁 本体3200円

虹，太陽，テレビ，液晶，…我々の日常は光に囲まれている。様々なエピソードから説き起こし，光の科学へと導く。〔内容〕光科学の第一歩／光線の示す振舞い／基本的な性質／反射と屈折のもたらす現象／光の波／物質の中の光／さらに考える

東北大 伊藤弘昌編著
電気・電子工学基礎シリーズ10
フォトニクス基礎
22880-9 C3354　　A5判 224頁 本体3200円

基礎的な事項と重要な展開について，それぞれの分野の専門家が解説した入門書。〔内容〕フォトニクスの歩み／光の基本的性質／レーザの基礎／非線形光学の基礎／光導波路・光デバイスの基礎／光デバイス／光通信システム／高機能光計測

上記価格（税別）は2013年8月現在